ESSAIS,

SUR LA CULTURE

DU

MURIER BLANC

ET DU

PEUPLIER D'ITALIE,

Et les moyens les plus furs d'établir
folidement & en peu de tems
le Commerce des Soies.

O fortunatos nimium , fua fi bona norint ,
Agricolas ! Georg. Virg. lib. II.

A DIJON,

Chez LAGARDE , Libraire ruë de Condé.

M. DCC. LXVI.

AVEC PERMISSION.

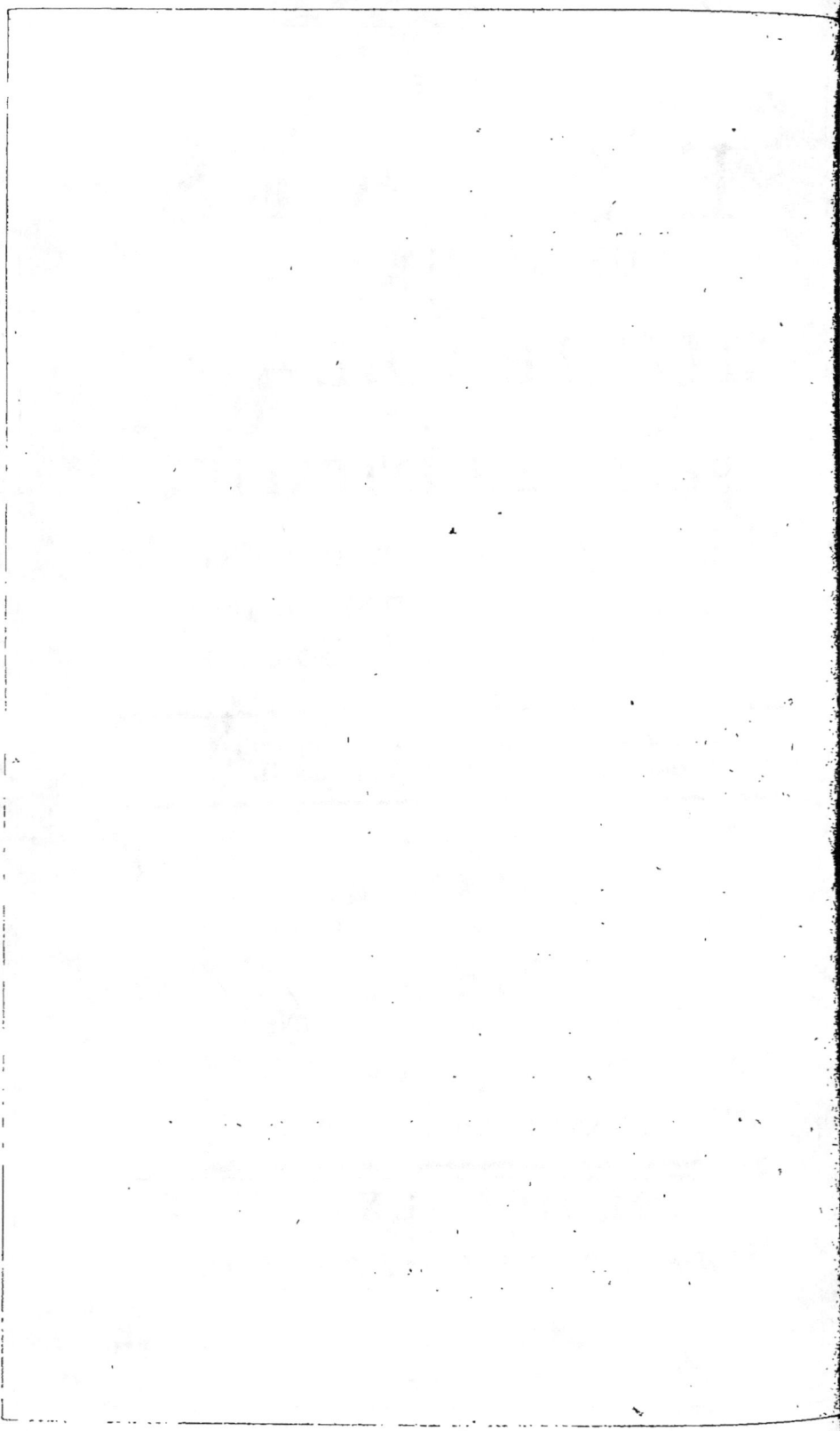

A

NOSSEIGNEURS,

NOSSEIGNEURS
LES ÉTATS GÉNÉRAUX
DE LA PROVINCE
DE BOURGOGNE.

OSSEIGNEURS,

Uniquement occupé du foin de contribuer au bonheur des Habitans de cette Province, il ne fuffit pas à votre zèle de diminuer, autant qu'il eft en vous, le poids des charges indifpenfables dans un grand Etat ; votre attention fe porte fur tout ce qui peut exciter l'Induftrie, & perfectionner l'Agriculture, qui eft la source commune & bienfaisante du commerce & de l'abondance.

Sous les yeux d'un Grand Prince, dont le nom & la valeur sont aussi redoutables à nos Ennemis, qu'ils sont chers à la France, & particuliérement à la Bourgogne, chacune de vos Assemblées est toujours l'époque remarquable & intéressante de quelque établissement avantageux, dont la reconnoissance du Citoyen est ce qui vous flatte le plus ; & lorsque vous vous séparez, vous laissez votre autorité à des Administrateurs toujours pénétrés des mêmes principes, & animés du même esprit.

C'est donc aux Peres de la Patrie, aux Protecteurs des Arts, du Commerce & de l'Industrie, à la Province réunie dans la plus auguste Assemblée, que je présente les réflexions qu'a fait naître une étude suivie sur une branche très-importante de l'Agriculture & du Commerce, que l'on a tenté depuis quelque temps d'établir.

Vous avez prétendu, avec raison, NOS-SEIGNEURS, que les richesses des Provinces méridionales de la France, pouvoient devenir celles de la Bourgogne, en y établissant les mêmes moyens. On a fait en conséquence des tentatives qui se sont d'abord montrées sous un aspect avantageux. Si les succès n'ont pas répondu aux vues sages & étendues des gens vraiment Patriotes, sous les ordres desquels s'est commencée cette entreprise, c'est que l'on a pas assez étudié les qualités du climat sous lequel on opéroit, & que l'on s'est persuadé trop légèrement, que la culture suivie dans une Province, devoit être celle de toutes les autres.

J'ai quitté cette route, après m'être assuré, NOSSEIGNEURS, qu'elle ne pouvoit conduire au but que vous vous étiez proposé. Je m'en suis tracé une autre, dans laquelle j'ai été guidé par la pratique. Mes succès m'ont assuré de la vérité de mes observations ; & j'ai jugé par l'intempérie du climat où j'ai opéré, avec combien de facilité, en suivant la même culture, on peupleroit en peu de temps la Bourgogne d'autant de Muriers que le Languedoc.

Heureux si l'Ouvrage, NOSSEI-GNEURS, dont vous avez bien voulu agréer l'hommage, en me permettant de le rendre public sous votre protection, peut être utile à ma Patrie ! Je me croirai pour lors bien dédommagé de dix années d'étude & d'observations. C'est le seul objet que je me sois proposé, de même que celui de vous donner des marques de mon parfait devouement, & du profond respect avec lequel j'ai l'honneur d'être,

NOSSEIGNEURS,

Votre très-humble & très-obéissant serviteur,

BOLET.

PRÉFACE.

C'EST répondre parfaitement aux vuës du Gouvernement, que d'encourager la culture du Murier blanc ; mais le prix de cet Arbre , & peut-être encore plus la difficulté de s'en procurer dans un Pays où il n'eft pas commun, font des obftacles qu'on ne peut lever qu'en établiffant des Pépinieres, pour les y diftribuer *gratis* au public : ces Pépinieres doivent donc être regardées comme la véritable fource de cet important établiffement , & fa réuffite dépendra toujours , & de la bonté de leur culture, & de l'exactitude avec laquelle elles feront gouvernées.

Je n'entrerai dans aucun détail particulier fur la culture du Murier ; mon deffein n'a été, quant à préfent, que de donner une juste idée de la véritable culture des Pépinieres de cet Arbre, des moyens les plus surs de les bien diriger, des qualités que doivent avoir les Muriers qu'on y distribuë, rélativement aux plantations & à l'éducation des Vers à Soie.

Les commencemens d'un nouvel établissement sont toujours difficiles & lents ; on ne sauroit y aporter trop de soin & d'attention, la plus petite négligence le fait tomber, sans espérance de le voir se relever.

Si les Muriers qu'on distribuë dans une Pépiniere publique, sont défectueux, quoique la distribution en soit toujours la même chaque année, on ne verra pas pour cela les Soies se multiplier davantage ; mais au contraire s'ils avoient les qualités qui leur sont indispensablement nécessaires, &

pour la réuffite, & pour le produit,
& que la direction en fût confiée à
un homme inftruit & capable d'en
diriger toutes les opérations, & qu'on
le chargeât encore de donner fes foins
aux plantations un peu confidérables,
qui fe feroient dans la Province où on
auroit établi des Pépinieres de cet Arbre, il eft certain que dans moins de
quinze ans, on y verroit la culture du
Murier folidement établie, & fon produit déja très-confidérable ; pour lors
la Pépiniere publique deviendroit inutile ; il s'en formeroit bien-tôt de par-
ticulieres, ou l'on s'en procureroit,
& le Public inftruit, ne pouroit être
trompé. La dépenfe que cette Province feroit pour cet établiffement, s'il
étoit bien conduit, ne feroit donc
qu'une dépenfe paffagere & momen-
tanée, dont elle retireroit par la fuite

les plus grands avantages ; mais au contraire , elle fera entiérement en pure perte s'il est mal dirigé.

Un grand nombre d'Auteurs ont écrit fur la culture du Murier blanc ; beaucoup fe font copiés. Il en est d'autres qui pour avoir élevé quelques Arbres fruitiers , fe font crus très-instruits de la culture de cet Arbre , & ont écrit en conféquence. Enfin , le petit nombre de ceux qui femblent mieux l'avoir connu , habitoient fous un ciel fi différent du nôtre , & fi favorable , que fi l'on fuivoit ici la méthode qu'ils prefcrivent , on ne réuffiroit jamais : la route qu'il faut fuivre , doit toujours fe régler fur le climat qu'on habite.

Le Murier est originaire d'un Pays chaud ; il y vient fans culture , & l'on en trouve des Forêts entieres. Quoiqu'il fe naturalife affez bien par tout, cependant plus il s'éloigne de fon vé- ritable climat , & plus il demande pour le multiplier , une culture qui fuplée à ce que la nature lui refufe.

Le principal mérite du Murier blanc , & ce qui le rend fi précieux, confifte dans fa feüille ; mais elle a un fi grand penchant à dégénérer par la nature même de l'Arbre , & peut-être davantage , à mefure que le Pays où l'on l'éleve , eft plus froid, qu'il ne fuffit pas de fçavoir le multi- plier , mais il eft encore abfolument néceffaire que l'art fixe fon inconf- tance , fans quoi il devient prefque inutile , & par le peu de profit qu'il donne , & par les dépenfes qu'il oc- cafionne.

Le féjour que je fais depuis long- tems à la Campagne , le goût que j'ai toujours eu pour la culture des Arbres , & une expérience suivie pendant plusieurs années , ont étendu mes connoissances , & j'ai surtout porté mes vuës sur le Murier blanc , & la meilleure maniere de l'élever relativement à notre climat. Plus de facultés m'auroient déja mis en état de tirer un grand avantage de mes observations ; mais obligé de me restreindre à des essais de plantations très-modiques , je ne vois que la possibilité très-réelle d'établir ma nouvelle culture du Murier blanc, aussi utile que celle que l'on a suivie jusqu'à présent ici , l'a été peu; j'ai multiplié avec les soins les plus exacts , cet Arbre précieux , par toutes sortes de voies , & je crois pouvoir répondre que mes essais ont assez bien réussi pour connoître la culture

qui lui convient le mieux en Bourgogne ; principe qu'il ne faut jamais
perdre de vuë, car pour réuſſir il faut
toujours ſe diriger ſur la température
du climat qu'on habite.

C'eſt donc après l'expérience, que
j'établis quelles doivent être les qualités du Murier blanc, & les plus ſurs
moyens de le multiplier dans ce Pays-
ci avec ſuccès. Les petites éducations
de Vers à Soie, que j'ai faites, m'ont
fait connoître quelles devoient être
celles de la feüille, pour en augmenter le produit & en diminuer les frais.

Ce ſont ces connoiſſances acquiſes
par plus de dix années de travaux &
d'expérience, que j'ai cru devoir communiquer à l'auguſte Aſſemblée des
Etats, à laquelle tout ce qui peut
contribuer à l'accroiſſement des richeſſes de cette Province, eſt ſi précieux.

Elle poura être perſuadée que je ne dirai rien dont je n'aie l'expérience par moi-même.

Si j'ai adopté quelques pratiques de quelques Auteurs, je ne l'ai fait qu'après en avoir connu la bonté, & avoir éprouvé qu'elles convenoient à notre climat.

Je ne cherche donc qu'à être utile à ma Patrie, en rendant publique ce petit Ouvrage, fruit de mes expériences & de mes réflexions : la légitimité de mes intentions, doit faire excuſer les défauts qui pouroient s'y trouver.

ESSAIS
SUR LA CULTURE
DU MURIER BLANC
ET
DU PEUPLIER D'ITALIE,

Et les moyens les plus furs d'établir folidement & en peu de tems le Commerce des Soies.

CHAPITRE PREMIER.

Des avantages que procurent les Vers à Soie.

L'INSECTE précieux qui donne la Soie, eft originaire de la Chine, c'eft de là qu'on l'a tiré : il eft connu aujourd'hui jufqu'en Amé-

A

rique ; (*a*) il fait la principale richeſſe de tous les Pays où il a été tranſporté , & ces richeſſes ſont d'autant plus précieuſes , qu'elles ne ſont jamais arroſées du ſang des malheureux ; en cela bien préférables à celles qui par les travaux immenſes qu'on eſt forcé de faire pour les avoir , & à ces autres qui par l'éloignement des lieux où on va les chercher , ſont ſi funeſtes à l'humanité. (*b*)

Je ne ferai point l'énumération des contrées que le produit des Soies enrichit , (*c*)

(*a*) Les Anglois ont tranſporté des Vers à Soie dans leurs Colonies de l'Amérique ; ils y ont très-bien réuſſi, & commencent déjà de faire un objet très-important. Les François en ont auſſi porté dans la Louiſianne, où ils ont trouvé des forêts de Muriers blancs.

(*b*) L'extraction des mines d'or & d'argent dans le Mexique & le Pérou , coûte tous les ans la vie à un nombre prodigieux de malheureux : l'avidité de ces métaux a dépeuplé l'Amérique.

Le ſucre & les autres Denrées que les Européens vont chercher dans leurs Colonies du nouveau Monde , à travers mille dangers, ſont la cauſe de la perte d'un très-grand nombre d'hommes; & pour travailler à leur culture , on dépeuple continuellement l'Afrique , ſans cependant pour cela peupler davantage l'Amérique.

(*c*) La Chine , le Tunquin , une partie de l'Inde , la Perſe , l'Arménie , l'Amaſie , la Syrie fourniſſent une prodigieuſe quantité de Soie; l'Italie , la Sicile , l'Eſpagne , & ſur-tout le Piémont en retirent des ſommes immenſes.

（ 3 ）

je ne parlerai que des Provinces de ce Royaume, qui joüiffent de cet avantage : perfuadé que les exemples que nous avons fous les yeux, nous frapent toujours davantage que ceux qui font éloignés. (a)

Le Languedoc, cette Province fi riche par le produit de fes Grains, de fes Vins exquis, de fes Huiles & de fes Fruits, retire cependant beaucoup plus de fes Soies que de toutes Denrées, & c'eft ce qui la fait regarder aujourd'hui comme la plus riche Province du Royaume.

Les autres Provinces où l'on a commencé beaucoup plus tard à élever des Vers à Soie, en connoiffent déja bien tout le prix, & marcheront peut-être bien-tôt de pair avec le Languedoc.

La Provence à qui l'aridité de fon fol ne laiffoit gueres de reffource pour fe procurer ce qui eft le plus néceffaire à la

(a) Le Dauphiné, le Vivarais, le Lyonnois, le Forez, le Bugey & la Breffe commencent déjà à fe reffentir des avantages d'élever des Vers à Soie. La Touraine qui eft fous le même climat que la Bourgogne, fournit les Manufactures de Soie de fa Capitale, qui font en grand nombre & en grande réputation.

A ij

vie, que dans ſes Huiles & ſes Fruits, trouve actuellement dans le produit de ſes Soies, de quoi ſe dédommager amplement de la ſtérilité de ſes campagnes. (*a*)

Mais de quel prix cette branche de commerce bien établie en Bourgogne, ne ſeroit-elle pas ? La Province ne verroit pas ſeulement ſes richeſſes déja bien connuës, (*b*) s'accroître de beaucoup ; mais les effets qui en réſulteroient néceſſairement, ſeroient encore de la plus grande importance.

Cet établiſſement occuperoit un très-grand nombre d'Hommes, de Femmes & même d'Enfants, & cela dans un tems où il ſemble que les travaux de la campagne ſoient ſuſpendus. (*c*)

(*a*) La Provence eſt par-tout hériſſée de roches ; elle manque de pâturages, & elle ne recueille pas des Grains pour nourrir trois mois ſes Habitans.

(*b*) La Province de Bourgogne peut ſe paſſer de tous ſes voiſins, & elle leur fournit des grains, des Vins, des Fers, des Laines & des Chanvres.

(*c*) L'éducation des Vers à Soie ſe trouve par-tout remplir l'eſpace qui eſt entre le développement de la feuille du Murier, & les fauchaiſons ; on ſçait aſſez que pendant cet intervalle qui eſt de près de cinquante jours,

Nous verrions bien-tôt établir parmi-nous, des Manufactures de Soie de toutes espèces ; ce surcroît d'occupations & les richesses qui en seroient les suites, procureroient sûrement dans bien peu, une augmentation dans la population : effet peut-être le plus précieux. (a)

Notre part des contributions au besoin de l'Etat, que le bon Citoyen paie toujours sans murmurer, parce qu'il en connoit toute la nécessité, seroit fournie avec plus d'aisance & de facilité, indépendamment de tant d'avantages dont l'Etat en entier se ressentiroit si ce commerce

---

les travaux de la campagne occupent peu de monde.

M. le Président de Montesquieu regarde comme très-avantageux, les travaux qui occupent beaucoup de monde ; il ne veut pas que l'on cherche à les abréger. Selon ce grand Homme, l'invention des Moulins à eau & à vent, a été très-pernicieuse à l'humanité. *Esprit des Loix.*

(a) Cette assertion paroîtra peut-être un paradoxe à ceux qui regardent l'opulence comme la source du luxe, & le luxe comme une cause de dépopulation. Sans vouloir entrer dans la discussion d'une question aussi délicate, & qui peut-être est moins bien fondée qu'ils ne pensent, je les prierai seulement d'examiner si les Pays riches, soit par une grande industrie, soit par un grand Commerce, ne sont pas les plus peuplés.

s'étendoit autant qu'il le pouroit ; le Gouvernement ne verroit plus tous les ans sortir du Royaume des sommes immenses pour acheter de l'Etranger, les Soies qu'il nous faut encore pour fournir nos Manufactures, & il nous rendroit bien-tôt toutes celles qu'il a reçuës de nous. (*a*)

Mais pour joüir de l'industrie du Vers à Soie, il faut se procurer les matieres premieres. Cet Insecte ne se nourrit que de la feüille du Murier, & l'accroissement des richesses qu'il donne, est toujours en proportion avec la multiplication de cet Arbre.

Il faut donc commencer par établir sa culture. Le moyen que les Etats ont pris pour l'encourager, en établissant des Pépinieres publiques, est certainement le

---

(*a*) On prétend qu'indépendamment des Soies que ce Royaume fournit, ce qui est déjà très-considérable, il nous en faut encore tirer du dehors pour près de quinze millions en espèces, tous les ans, pour fournir nos Manufactures ; il est vrai que nous ne consommons pas toutes les Etoffes qui s'y fabriquent ; il en passe chez l'Etranger, pour des sommes considérables ; mais si nous avions assez de Soie chez nous, les mêmes envois se feroient toujours également. Les Etoffes de Lyon peuvent bien être imitées dans le Pays Etranger, mais jamais égalées.

plus assuré pour y parvenir ; c'est de la réussite de ces Pépinieres que dépend absolument le succès de ce bel établissement : on doit donc aporter l'attention la plus scrupuleuse à leur culture, ne jamais permettre qu'il y soit distribué un seul Arbre défectueux, & qui n'ait toutes les qualités qui leur sont nécessaires, & pour croître avec succès, & pour remplir parfaitement le grand objet pour lequel on les multiplie. *L'éducation des Vers à Soie.*

CHAPITRE II.

Du Murier & de ses espèces.

IL y a en France deux espèces de Muriers très-connus & très-faciles à distinguer, (*a*) le noir & le blanc : ils deviennent tous les deux de grands Arbres. Le Murier noir differe du blanc par sa

---

(*a*) Il est quelques autres véritables espèces de Muriers, mais elles ne sont encore connues que d'un petit nombre de Curieux, & sont indifférentes pour l'éducation des Vers à Soie.

feüille qui eſt grande ſans être découpée, (*a*) plus épaiſſe, plus forte, plus
rude au toucher, & d'un verd plus foncé ; il la pouſſe huit ou dix jours plus
tard que le blanc ; ſon bois a l'écorce plus
raboteuſe ; ſes jets ſont gros & courts,
& il croit beaucoup plus lentement ; ſon
fruit eſt gros, noir quand il eſt en maturité, & délicieux à manger. Au contraire
celui du Murier blanc, de quelque couleur
qu'il ſoit, eſt toujours petit & inſipide.

La feüille du Murier noir pouroit très-
bien ſervir à la nourriture des Vers à Soie,
elle profiteroit beaucoup à cauſe de ſa
grandeur ; (*b*) elle leur feroit rendre une

(*a*) Le Murier blanc greffé, a auſſi la feuille grande,
ſans être découpée ; mais c'eſt une exception à la régle
générale, & la comparaiſon que je fais, ne tombe que
ſur le Murier blanc venu de ſemences, qui, à un très-
petit nombre près, a toujours la feuille petite & découpée ; & c'eſt certainement le grand nombre qui doit conf-
tituer l'eſpèce, les autres n'étant que des variétés qui,
à la longue, rentrent dans la claſſe commune, & que
la greffe ſeule peut perpétuer. Le Murier noir multiplié
par la ſemence, a au contraire la feuille toujours grande,
& point découpée.

(*b*) Ils en mangeroient auſſi beaucoup moins, parce
qu'elle eſt plus nourriſſante.

On dit que la feuille d'un Murier noir équivaut à celle
de trois Muriers blancs greffés de même groſſeur.

Soie pefante , abondante & forte, (*a*) mais moins luftrée & moins fine que celle du Murier blanc : cela joint à ce que ce dernier feüille plutôt , & qu'il croit plus rapidement , lui a fait donner la préférence.

Il n'y a peut-être point d'Arbres qui réuniffent un plus grand nombre d'avanges qui doivent le faire rechercher , que le Murier blanc : indépendamment du grand revenu qu'il donne (*b*) à raifon du privilége exclufif qu'il a de fournir la nourriture aux Vers à Soie, fon bois (*c*)

(*a*) Elle eft outre cela facile à devider ; elle a beaucoup de refforts, & convient pour toutes les Etoffes façonnées : c'eft le Jugement qu'en ont porté les Fabriquans qui en ont mis en œuvre.

(*b*) Il y a des Auteurs qui ont fait monter le produit annuel d'un Murier blanc greffé de vingt-cinq ans, à plus de vingt francs; je crois qu'ils ont beaucoup exagéré ; peut-être ont-ils cru par-là mieux encourager la culture de cet arbre utile ; je ne les approuve pas; il n'eft, je crois, jamais permis d'exagérer. Pour moi, je penfe que le produit d'un beau Murier greffé de vingt-cinq ans, pourroit bien aller à dix francs par an, encore faut-il fuppofer qu'il ait été planté dans un bon terrein, & qu'il ait été bien gouverné : il n'y a certainement point d'arbre dont on puiffe en efpérer autant.

(*c*) Le bois du Murier noir a les mêmes qualités, & fert aux mêmes ufages.

eſt propre à une infinité d'uſages ; il eſt
très-dur , & cependant ſouple & liant ;
on en fait de beaux ouvrages ſur le tour ;
il ſert aux Graveurs : on dit qu'aucun Inſecte n'attaque ni ne dépoſe ſes œufs ſur
ce bois , & qu'on en fait des futailles
dans leſquelles le Vin ne ſe gâte point. Il
fournit avec tout cela , un très-bon chauf-
fage. (a)

Son feüillage n'eſt jamais attaqué par
aucun Inſecte, ni ne lui ſert de retraite :

(a) Je ſerois fort porté à le croire. On ne connoît
point d'Inſecte qui attaque la Soie, & la Soie n'eſt que
l'extrait rafiné de la ſubſtance du Murier ; il paroît très-
naturel qu'ils aient la même averſion pour ſon bois ; cette
qualité bien reconnue par l'expérience, ſeroit d'une grande
utilité ; on feroit du Murier des meubles, & ſur-tout
des bois de lit qui ſeroient à l'abri des Punaiſes ; l'on
feroit des futailles pour conſerver l'eau des vaiſſaux dans
les voyages de long cours ; on ne ſauroit gueres en effet
attribuer ſa corruption, qu'aux œufs que les Inſectes
dépoſent ſur les parois des futailles, qui venant à éclore,
en corrompent néceſſairement l'eau. Dans un petit Traité
ſur l'éducation du Ver à Soie, imprimé à Poitiers en
1754, l'Auteur dit qu'ayant élevé deux années de ſuite
des Vers à Soie dans des chambres qui étoient infec-
tées de Punaiſes, on n'en avoit plus vû depuis ; on n'en
ſauroit attribuer la cauſe qu'à l'odeur de la feuille du
Murier : cela vient à l'appui de ce que j'ai avancé.

(*a*) cette qualité singuliere & rare, (*b*) a fait souhaiter à beaucoup d'Auteurs, qu'on substituât le Murier blanc greffé, qui a une très-belle feüille, à tous les Ar-

---

(*a*) J'ai plusieurs fois mis des Chenilles sur des Muriers, elles n'y sont jamais restées ; j'en ai enfermé dans des petits bocaux de verre avec des feuilles de Murier, elles sont mortes sans y toucher ; cependant la Nature n'a point assigné pour nourritures à toutes sortes de Chenilles, une espèce particuliere d'arbres ; il y en a beaucoup qui se nourrissent de toutes sortes de feuilles indifféremment ; il faut que celles du Murier leur répugnent, soit par son odeur, ou par la nature des sucs qu'elle contient.

Ces petits trous qu'on remarque quelquefois dans la feuille du Murier, ne viennent que des gouttelettes de rosées, ou de certains brouillards d'une qualité un peu caustique, qui, par leur position, ne pouvant être frappées par les premiers rayons du Soleil, ou faute d'un air agité qui puisse les faire tomber ou les dessécher assez promptement, y séjournent trop, & y occasionnent les taches qu'on y voit souvent ; la partie tachée se desséché, & tombe en poussiere au bout de quelque temps, & c'est là l'origine de ces trous ; il n'y a gueres que les Muriers qui sont plantés dans les lieux bas, qui soient sujets à cet accident. J'ai remarqué aussi sur des fruits venus sur des Arbres trop à l'ombre, des taches qui venoient des mêmes causes, & qui les rendoient mauvais à manger, & peut-être dangéreux ; la partie tachée étoit dure, amere, & pénétroit fort avant dans le fruit.

(*b*) Je ne la crois pas unique ; je sçais qu'il y a encore des Arbres dont le feuillage est intact, par exemple le Noyer, mais il doit cette qualité à son odeur forte qui rend aussi son ombre très-dangéreuse.

bres dont on eſt dans l'uſage d'orner les Jardins & les Promenades publiques. Je loüe le zèle de ces Auteurs ; mais je crois être fondé en raiſon à ne pas penſer comme eux. Il eſt certain que le Murier ne perdra rien de ſon mérite , quand il n'aura pas cet avantage ; il ne feroit pas dans une promenade , un auſſi bel effet que les Arbres que l'on y emploie ordinairement. Il feüille d'abord beaucoup plus tard , & la culture particuliere qu'il demande , eſt un grand obſtacle à la propreté qui doit regner dans les endroits de pur agrément. (a) Si l'on vouloit le faire ſervir en mê-

(a) Il faut au moins piocher le Murier quatre fois par an , le fumer tous les trois ans , & même lorſqu'on s'apperçoit qu'il ne pouſſe plus auſſi vigoureuſement , de foncer à une certaine diſtance du pied , la terre tout au tour , afin de faciliter aux racines les moyens de s'étendre plus facilement.

On voit aſſez que toutes ces opérations ne peuvent qu'occaſionner le déſordre & la mal-propreté dans les Jardins & les Promenades publiques , dont les deux qualités contraires font le principal mérite. Le Murier n'eſt point ici dans ſon Pays naturel ; il faut ſuppléer par une culture particuliere , à ce qui lui manque du côté du climat. C'eſt une choſe ſinguliere , qu'on n'ait point trouvé de Murier dans la partie méridionale de la Terre ; s'il y en a actuellement , c'eſt qu'on les y a apportés.

Ils ſont originaires de la Tartarie Chinoiſe ; c'eſt de

me tems à la nourriture des Vers à Soie ,
il faudroit lui donner la forme d'un gobelet , & le dépoüiller de ses feüilles : il est
pour lors pendant au moins quinze jours ,
d'un aspect triste & sans donner d'ombre ,
ce qui seroit un autre inconvénient.

Il faut au Murier un emplacement pour
lui seul , où rien ne puisse s'oposer , ni à
la culture qu'il demande , ni au profit
qu'on en peut retirer. Toutes les fois
qu'on veut trop s'attacher à réunir l'a-
gréable avec l'utile, rarement l'on réussit.

Le Murier blanc , de sa nature , a la

---

là qu'on les a tirés , & qu'ils se sont répandus dans tout
notre Continent ; on en a aussi trouvé des forêts sur les
bords du Mississipi , mais il n'y avoit pas de Vers à Soie ;
les Peuples de la Louisianne faisoient de leurs écorces, des
Etoffes qui n'étoient pas sans mérite , & qui avoient
même du brillant. En effet , l'écorce du Murier se ré-
duit en une filace qui a le lustre , la douceur & la fi-
nesse de la Soie , & qui ne laisse pas d'être forte : j'ai
fait quelques tentatives pour parvenir à la préparer , mais
j'ai mal réussi ; cependant je ne prétends pas pour cela
y renoncer absolument.

Au reste, une chose à remarquer , c'est que le climat naturel du Murier . n'est qu'entre le trente-cinq &
le quarantiéme degré de latitude , tant à la Chine qu'à
la Louisianne : on en n'a trouvé des forêts que dans cet
espace.

feüille mince , seche , plus ou moins grande , & découpée profondément. Il en est cependant quelques-uns qui dans leur jeunesse l'ont grande & point découpée ; mais en vieillissant , lorsqu'ils sont plantés à demeure , & sur-tout si le terrein est sec , ils rentrent tous dans la classe commune ; (a) aussi est-il certain

---

(a) La premiere fois que je semai des Muriers , j'admirois la beauté de leurs feuilles , mais je ne fus pas long-temps satisfait ; ils ne furent pas plutôt arrachés de dessus la couche , & plantés en Pépinieres , qu'elles devinrent petites & découpées ; à mesure qu'ils ont vieilli , & sur-tout lorsqu'ils ont été plantés à demeure , s'il en est resté quelques-uns , sans que leurs feuilles se soient découpées , elles ont toujours diminué considérablement de grandeur , au point que j'en ai qui n'excédent pas la grandeur d'une piéce de vingt-quatre sols.

A la premiere distribution que l'on fit des Muriers de la Province, Messieurs les Commissaires eurent la bonté de m'en accorder soixante ; je priai le Jardinier de me laisser choisir & marquer ceux qui avoient les plus belles feuilles ; il me fit entendre que pour obtenir cette faveur , il falloit me contenter de la moitié ; j'y consentis volontiers , & je choisis en conséquence. Ces Arbres manquoient absolument des qualités qu'ils doivent nécessairement avoir pour réussir , ce qui est cause qu'ils n'ont fait aucun progrès , quoique plantés dans un excellent terrein ; les feuilles qui en paroissoient assez belles , ont diminué au moins de moitié ; il n'en est resté qu'un seul qui s'est assez bien soutenu , mais il a fait peu de progrès.

Dans le grand nombre de Muriers que j'ai élevé de

que quelque différence qu'on remarque , foit dans les branches , foit dans la forme des feüilles .& la couleur du fruit , ce ne font que des variétés dépendantes du climat & du fol , puifqu'elles font toutes produites par la même graine. (a) Il n'y

---

femences , je n'en ai trouvé qu'un dont la feuille foit encore d'une grande beauté ; il y a trois ans qu'il eft planté à demeure , & il fait déjà un bel Arbre : cependant l'année derniere, je crois m'être déjà apperçu de quelques altérations ; enfin, je fuis perfuadé qu'il n'y a point de Muriers blancs qui , en vieilliffant , s'ils ne font point greffés , ne rentrent dans la claffe commune , c'eft-à-dire, dont la feuille ne devienne très-petite ou découpée.

(a) Toutes ces variétés ne fe remarquent bien que dans la jeuneffe de l'Arbre , mais en vieilliffant , elles difparoiffent en partie ; il n'y a que la couleur du fruit qui fe maintienne toujours.

Les différences qu'on remarque dans le branchage des Muriers , confiftent dans de petites branches fluettes qui fortent de tous les yeux des pouffes de l'année ; ces petites branches foht quelquefois jufqu'à trois enfemble , fouvent deux & une ; on peut juger par leur nombre , de la qualité de la feuille ; plus il y en a , plus elles font petites & découpées ; ceux qui n'en ont point , portent toujours la plus belle ; elles font auffi plus longtemps à dégénérer ; enfin, fi elles deviennent pétites , elle ne font jamais fi découpées.

Cette connoiffance peut être utile, en ce que, fi l'on vouloit fe procurer des Muriers fauvageons , malgré leur peu de produit , on pourroit au moins, par ce moyen, choifir les meilleures feuilles , quand même ce feroit au milieu de l'Hiver.

Le climat & le terrein contribuent fi bien aux variétés

a que l'opération feule de la greffe, qui
puiffe perpétuer ces variétés, & en faire
des efpèces ; elle ne les fixe pas feulement invariablement, (a) mais elle les
perfectionne finguliérement, & plus ces
efpèces s'éloignent de leur fource, &
plus elles acquierent de perfections : c'eft
à la greffe que nous devons ces beaux
Muriers qu'on apelle francs, & dont il
femble aujourd'hui qu'on méconnoiffe
l'origine.

Avec le Murier fauvageon, on en
connoit trois efpèces créées par la greffe,
qui font le Murier Colombat, le Murier
Romain, & le Murier d'Efpagne.

---

du Murier, que je fuis perfuadé que fi dans chaque Pays
on vouloit fe donner la peine d'examiner avec attention les feuilles de tous les Muriers qu'on femeroit, &
que l'on fixât par la greffe, celles qui paroîtroient mé-
riter le plus d'être perpétuées ; on pourroit, dis-je, par
ce moyen, fe procurer des efpèces de Muriers francs,
qui jufqu'ici auroient été inconnus, pourvû néanmoins
qu'on eût l'attention de prendre les greffes avant qu'on
eût apperçu d'altération dans le fujet ; par exemple, le
Murier d'Efpagne porte le nom du Pays où il a été
trouvé.

(a) Dans un terrein fec & aride, la feuille du Murier greffé diminue de grandeur, mais ne fe découpe jamais.

La

La feüille du Murier Romain eſt la plus grande des trois eſpèces , & la plus pleine de ſuc , ſur-tout dans les terreins gras. Elle devient beaucoup plus petite & plus ſeche dans les terreins maigres.

La feüille du Murier Colombat eſt luiſante , plus ſeche & beaucoup plus petite. Je crois que cette eſpèce tire ſon origine de la variété qu'on apelle Murier à feüille roſe. (a)

La feüille du Murier d'Eſpagne eſt un peu moins grande que la Romaine , mais d'un verd plus foncé ; elle reſſemble aſſez à celle du Murier noir. Cette eſpèce n'eſt

---

(a) On nomme cette variété , Muriers à feuilles roſe , parce qu'on a cru s'appercevoir que la feuille avoit quelque reſſemblance avec celle du Roſier. Quelques Auteurs modernes ont beaucoup vanté ſon mérite pour la nourriture des Vers à Soie , & ont fort recommandé de la préférer à celle de tous les Muriers greffés. Il eſt certain que ſi cette variété , de même que toutes les autres , dont la feuille eſt grande & belle , ne dégénéroit pas , il faudroit les préférer. J'ai eu un grand nombre de ces Muriers à feuille roſe , je les ai conſervé avec ſoin ; d'une partie , la feuille s'eſt découpée , & de l'autre , elle eſt devenue ſi petite , qu'un très-grand nombre de ces Arbres donneroit bien peu de profit : preſque tous les Auteurs qui ont écrit du Murier , ont manqué d'expérience.

B

pas encore bien commune en France.

La feüille du Murier fauvageon & celle de ces trois efpèces de Murier franc, peuvent également fervir de nourriture aux Vers à Soie ; mais on fe tromperoit beaucoup , fi pour cela on fe perfuadoit qu'il fût indifférent de cultiver également les uns ou les autres. Ce fera toujours relativement au plus grand produit & à la moindre dépenfe qu'il faudra faire des plantations de Murier : en effet , fi elles ne répondent pas à ces deux objets , pour lors les frais abforbant le produit , la chute de l'établiffement doit néceffairement s'enfuivre.

Le Murier fauvageon ne produit qu'une feüille petite , feche & fort découpée, & par conféquent fournit très-peu. Le Murier franc en donne une grande, fort nourriffante , & qui profite beaucoup : il croit auffi infiniment plus promptement ; mais il dure beaucoup moins. Le fauvageon n'eft pas encore dans fa force, que le franc eft dans fa décrépitude. Si l'on joüit bien plus long-tems de l'un, on joüit auffi beaucoup plûtôt de l'autre.

Deux arpens de terre , plantés en Muriers fauvageons , produiront moins de
feüilles qu'un feul planté en Muriers francs ;
ainfi il eft certain qu'en ne cultivant que
de ces derniers , on augmente le produit , on ménage le terrein , & on épargne les frais de culture. En pefant tous
ces avantages de part & d'autre , je
crois qu'on n'hefitera pas à fe déterminer
pour celui de joüir plus promptement ,
avec moins de dépenfe & plus de profit.

En Languedoc où l'on cultive le Murier depuis plus de deux fiécles , & où
par conféquent on doit être bien éclairé
fur le choix & fur les avantages de la
culture des uns & des autres , l'ufage conftant eft de ne planter que des greffés. Que
peut-on faire de mieux , que de fuivre
l'exemple d'une Province dont le Murier
eft regardé comme la principale richeffe ?
(a) Il eft donc évident que le Murier

(a) On eft d'abord furpris que Meffieurs les Elus ,
toujours attentifs à ce qui peut contribuer à accroître les
richeffes de cette Province, bien inftruits de toute l'importance du commerce des Soies , & qui en conféquence
ont formé des Pépinieres de Muriers pour encourager

B ij

franc l'emporte de beaucoup fur le fauvageon, relativement à la culture & au
produit de la feüille.

Il faut préfentement examiner s'il con-
ferve fes avantages fur ce dernier, relativement aux Vers à Soie.

Je n'entrerai dans aucun détail fur l'éducation de cet Infecte. Je ne me fuis pro-
pofé pour feul & unique objet, que de
faire voir les qualités que le Murier doit
avoir néceffairement, & le choix qu'on
doit en faire, perfuadé que c'eft par-là
qu'il faut commencer, & que lorfqu'on
fera pourvû d'Arbres bien conditionnés,
on fera bien-tôt inftruit de la façon de
l'élever.

Un grand nombre d'Auteurs ont écrit

ce bel établiffement, ne fe foient point modelé fur l'u-
fage conftant du Languedoc & du Piémont, pour régler la qualité des Muriers qu'on devoit diftribuer; mais
en réfléchiffant fur la nature de l'établiffement, on s'apperçoit bientôt qu'on ne pouvoit rien faire de mieux
que ce qui a été fait. Perfonne alors ne connoiffoit dans
la Province, le Murier, & ne s'étoit occupé de fa culture; il fallut bien s'en rapporter au Cultivateur qu'on
avoit fait venir, qui perfuada fans doute qu'il falloit
donner la préférence au Sauvageon, comme beaucoup
de gens peu au fait, le penfent.

fur l'éducation du Ver à Soie , d'une façon très-circonftanciée & très-étenduë ;
mais je dois avertir qu'il y a un choix à
faire. La plûpart n'ont écrit que fur des
oüi dire , & n'ont fait aucune expérience
par eux-mêmes ; auffi leurs écrits ne font-
ils remplis que de détails minutieux , de
petites pratiques , & de beaucoup de
préjugés. Je ne connois qu'un feul Auteur (Mr. l'Abbé Boiffier de Sauvage ,
de l'Académie de Montpellier) qui en
ait parlé en Phyficien & en homme inftruit par une longue expérience qui lui a
apris à modeler fes opérations fur celles
de la nature , à fecouer tous les préjugés , & à établir fa méthode fur des
principes furs. Je ne faurois trop recom-
mander de profiter des veilles de cet excellent Auteur. Je l'ai fuivi avec le plus
grand fuccès , & je fuis perfuadé que tous
ceux qui le prendront pour guide , au-
ront la même réuffite. (*a*) La feüille du

(*a*). L'année derniere , je fis éclore une once & demie de graines de Vers à Soie , dans une étuve affez
femblable à celle dont Mr. l'Abbé Boiffier de Sauvage
donne la defcription dans fes Mémoires ; la couvée réuffit

Murier eſt la ſeule nourriture qui puiſſe convenir aux Vers à Soie. Toutes les tentatives qu'on a fait juſqu'ici pour lui en ſubſtituer une autre , ont toutes été infructueuſes. (a) Il n'eſt donc queſtion

---

parfaitement ; l'éducation auroit en également tout le ſuccès que je pouvois en attendre , ſi ſur la fin je n'avois pas manqué de feuilles , & c'eſt particuliérement le temps où il ne faut pas que ces Inſectes manquent un inſtant de nourriture. Sans cet inconvénient , j'aurois eu tout au moins douze livres de Soie , & mes Vers auroient filé au bout de vingt-cinq jours , ce qui eſt ſurprenant ; ils en vivent ordinairement quarante à quarante-cinq.

Ce manque de nourriture en fit périr un grand nombre , le reſte n'a donné que des cocons foibles ; ce qui a fait que je n'ai eu que quatre livres d'organſin , & beaucoup de rebut.

(a) Pluſieurs Auteurs ont écrit , & c'eſt en conſéquence un préjugé aſſez généralement reçu dans le Public , que dans une diſette de feuilles de Muriers , on peut donner aux Vers à Soie , des feuilles de ronce , d'orme ou d'ortie , ſous prétexte d'une prétendue analogie. J'ai éprouvé pluſieurs fois d'en nourrir quelques Vers , ils n'y ont jamais touché ; & m'étant obſtiné à ne vouloir pas leur en donner d'autres , croyant que la faim pourroit peut-être les obliger à en manger , & qu'inſenſiblement je pourrois les y accoutumer , ils ſont tous morts , plutôt que de vouloir y toucher. Voilà comme la plupart des Auteurs écrivent , ſans avoir auparavant éprouvé ce qu'ils avancent. Quand on parviendroit à nourrir les Vers à Soie de ces feuilles , il ſeroit queſtion de ſçavoir ſi elles leur feroient rendre de la Soie ; il

que de se déterminer sur sa meilleure qualité.

On pouroit peut-être , malgré l'inégalité de la température de notre climat , abandonner le Ver à Soie sur le Murier ; mais ayant les mêmes ennemis à redouter que la Chenille , à peine en échaperoit-il quelques-uns pour perpétuer l'espèce. (a) On est donc obligé de les renfer-

---

n'est que la feuille seule du Murier qui puisse leur convenir : la Nature la leur a assigné pour unique nourriture

(a) J'ai tenté deux fois d'élever des Vers à Soie en plein air ; la premiere fois je mis une certaine quantité de Vers nouvellement éclos sur des petits Muriers en buisson ; il n'y en eut qu'un seul qui vint jusqu'au moment de filer , puis il disparut tout d'un coup ; les autres furent successivement détruits par les Oiseaux & par les Insectes. Je ne remarquai pas que les petites gelées, ni les grandes chaleurs , ni les pluies d'orage en fissent périr aucuns ; leur peu d'industrie pour passer sur une autre branche , quand ils avoient dépouillé celle sur laquelle ils étoient , étoit la cause de la perte d'un grand nombre. Les grands vents , en les faisant tomber des branches , leur faisoient aussi beaucoup de tort, parce qu'ils n'avoient pas l'industrie de gagner le pied de l'Arbre pour y remonter ; & ils devenoient bientôt la proie des Perce-Oreilles , d'une grande quantité de petits Scarabées, & des Fourmis qui montoient même sur les Arbres pour leur faire la guerre.

L'année derniere j'ai voulu encore éprouver si des Vers

mer dans des chambres pour les garantir de leurs ennemis, & pour en tirer un parti avantageux. Il faut cüeillir la feüille du Murier, & la leur aporter, ce qui occasionne une dépense plus ou moins considérable, selon sa qualité ; c'est ce qui fait qu'on doit se proposer, pour l'éducation du Ver à Soie, le même objet que pour les plantations, de faire beau-

---

plus forts réussiroient mieux ; j'en mis deux cent au sortir de la seconde mue, sur une palissade de Murier très-touffue ; je ne m'apperçus pas plus que la première fois, que la pluie ni ces alternatives de chaud & de froid, si ordinaires dans notre climat, en fissent périr. La position de la palissade les mettant à l'abri des vents, il n'en tomba point, ou bien peu ; mais leur grand fléau a été les Oiseaux. Il y a très-proche un petit bois qui leur servoit de retraite, & si-tôt qu'on approchoit la palissade, on les en voyoit sortir par grandes troupes ; enfin il n'en est échappé que sept des deux cent, qui ont filé de très-beaux cocons très-durs & bien étoffés.

Est-il dans l'ordre de la nature, qu'une partie des êtres doive servir à la nourriture de l'autre ? Ou, ce qui paroît beaucoup plus vraisemblable, ne seroit-ce pas plutôt une contravention à ses Loix ? Ce n'est pas ici le lieu d'agiter cette grande question ; il suffit d'être convaincu qu'il ne seroit pas impossible d'élever ici les Vers à Soie sur les Muriers, mais ces éducations champêtres ne rendroient aucun profit.

Le Ver à Soie, de même que toutes les autres espèces de Chenilles, est la proie d'une infinité de différens Insectes & d'un grand nombre d'Oiseaux. Mr. de

coup avec le moins de dépenfe poffible.

La feüille du Murier fauvageon fait rendre aux Vers une Soie d'une bonne qualité, mais en petite quantité ; celle du Murier franc lui en fait rendre une bien plus grande quantité , & d'vne qualité égale. (*a*)

Reaumur a obfervé qu'un feul Moineau qui avoit des petits , détruifoit quatre cent Chenilles par jour ; le Ver à Soie ne paroît même pas avoir autant d'inftinct pour pourvoir à fa confervation.

L'efpèce de Vers à Soie que nous avons en Europe, même à la Chine qui eft fon Pays naturel, s'éleve dans les maifons ; ce qui eft une preuve fans réplique, qu'on n'y trouve pas plus d'avantage qu'ici à les abandonner fur les Arbres, & qu'ils y ont les mêmes ennemis à redouter.

Il y a à la Chine, outre le Ver à Soie que nous connoiffons, deux autres efpèces qu'il feroit bien à fouhaiter que nous euffions auffi ; ce font ces deux efpèces qu'on abandonne fur les Arbres, peut-être ne pourroit-il pas être élevé dans des chambres ; & c'eft fans doute ce qui a induit à erreur ceux qui ont écrit qu'on y faifoit la récolte de la Soie fur les Arbres.

(*a*) Cependant il y a beaucoup d'Auteurs qui ont écrit le contraire , particulièrement celui d'un petit Traité donné dans le Journal Œconomique, & tout récemment imprimé féparément, & qui ont prétendu que la Soie qui provenoit du Murier fauvageon, étoit d'une qualité fupérieure à celle du Murier greffé : l'expérience a manqué à l'Auteur de cette affertion.

J'ai fait il y a deux ans, une éducation de Vers à Soie, avec de la feuille uniquement de Muriers fauva-

La feüille du Murier fauvageon fournit donc peu de Soie par fa féchereffe,
elle profite peu par fa petiteffe, & par
la difficulté de la cueillir, elle occafionne
des frais confidérables, particuliérement
fur la fin de l'éducation où le Ver à Soie

---

geons ; l'année derniere je ne leur ai donné après la feconde mue, que de la feuille du Murier greffé ; je n'ai remarqué, de même que des gens très-connoiffeurs dans cette
partie, aucune différence dans la Soie de ces deux éducations, ni pour la force, ni pour la fineffe, ni pour
le luftre.

C'eft le terrein feul & le climat qui peuvent influer
fur la qualité de la Soie ; on remarque que celle des
Pays chauds eft inférieure à celle des Pays tempérés ;
mais ce qui réellement y influe beaucoup, c'eft le fol.
Les Muriers plantés dans un fonds gras & humide,
doivent donner une nourriture plus groffiere que ceux
qui font dans un fonds fec ; & c'eft ce qui doit certainement produire quelque différence dans la fineffe & le
brillant de la Soie.

S'il eft donc vrai que la feuille du Murier greffé ne
diminue rien de la qualité de la Soie, il ne l'eft pas
moins qu'elle en fait rendre au Ver une plus grande
quantité que celle du Sauvageon ; mais quand même
il n'auroit que cet avantage fur ce dernier, il devroit
lui être préféré.

Au refte, la Soie de Bourgogne eft fupérieure à celle
du Languedoc, & les connoiffeurs n'y trouvent point de
différence avec celle du Piémont. On peut ajouter encore, que la plus grande partie des Muriers du Piémont & de toute la plaine de Lombardie, font plantés
dans des fonds gras & humides.

en confomme les trois derniers jours de
fa vie, deux fois autant qu'il en a con-
fommé jufques-là.

La feüille du Murier franc, au contraire, fournit une Soie abondante, profite beaucoup à raifon de fa grandeur, &
épargne beaucoup de frais par la facilité
qu'on a de la cueillir; tous ces avantages réunis, ne permettent pas, ce me femble, d'héfiter à donner la préférence au
Murier franc; (*a*) mais il eft un choix

(*a*) La feuille du Murier Sauvageon eft fi petite, fi féche,
fa tête eft formée par un fi grand nombre de petites branches, ce qui augmente encore la difficulté de la cueillir,
que quatre perfonnes en fourniffent moins, qu'une feule
ne feroit avec des Muriers greffés; au contraire, ce
dernier fournit beaucoup, il pouffe des jets longs &
droits, ce qui facilite extrêmement la cueillette de la
feuille; il ne faut que gliffer la main tout le long de
la branche & tirer à foi, en fort peu de temps on en
cueille ainfi une grande quantité.

Si on n'avoit que des Muriers fauvageons, le grand
nombre d'Ouvriers qu'on feroit obligé d'employer, em-
porteroit certainement tout le profit qu'on pourroit
faire : on en va mieux juger par le détail fuivant.

Il faut, pour nourrir les Vers à Soie provenans d'une
once de graine ou d'œufs, ce qui eft la même chofe,
environ quinze cent livres de feuilles; ils en confomment
au moins deux fois plus les trois derniers jours de leur
vie, que pendant toute l'éducation. Qu'on juge par là
de la dépenfe & de l'embarras où l'on fe trouveroit,

à faire , & l'on ne doit point entiérement rejetter le Sauvageon.

Ce Murier pouffe fa feüille plutôt que le franc ; on en doit donner aux Vers depuis la naiffance jufqu'à la feconde mue. (*a*) Comme elle eft très - tendre , elle

---

fi ayant une nombreufe éducation à fournir , on n'avoit que des Muriers fauvageons , & fur-tout fi le temps étoit à la pluie , la feuille mouillée étant un poifon pour les Vers à Soie , il faudroit raffembler un grand nombre d'Ouvriers qui abforberoient en entier le profit qu'on pourroit faire.

Je fuis convaincu par ma propre expérience , qu'il n'y a que le Murier greffe qui puiffe introduire en Bourgogne l'éducation du Ver à Soie. En effet , dans tous les nouveaux établiffemens qu'on fe propofe , on doit toujours avoir pour objet de multiplier les produits , fans pour cela multiplier la dépenfe ; & j'ofe affurer que fi on ne fe modele pas fur ce principe , on ne reuffira jamais.

(*a*) La Nature a divifé en cinq âges , la vie du Ver à Soie par quatre mues ; le premier âge fe compte depuis la naiffance à la premiere mue , ainfi de fuite ; le cinquiéme commence après la quatriéme mue , & finit au temps où il file.

La mue n'eft pas un temps de repos , c'eft au contraire un temps laborieux pendant lequel le Ver à Soie s'occupe , au rifque même de la vie , à fe débarraffer d'une peau qui étant devenue trop étroite , & ne fe dilatant pas en proportion avec l'amendement de fon corps , l'empêchoit de croître : tout le foulagement qu'on peut lui procurer pendant ce temps critique , eft de le tenir chaudement & de ne le pas déranger.

convient parfaitement à l'état de foiblesse
de cet âge, & ils en consomment si peu,
qu'on n'est pas embarrassé de la leur fournir, quelque considérable que soit l'éducation.

De toutes les espèces de Muriers francs,
celle qui a la plus petite feüille, & qu'on
appelle le Murier Colombat, doit être
préférée aux autres, & l'on peut très-
bien s'en tenir à celle-là seule.

Cependant la feüille du Murier d'Es-
pagne & du Murier Romain, peut
être employée pendant la briffe ; (*a*)
mais on ne doit la servir aux Vers, sur-
tout si l'Arbre est planté dans un terrein
gras & humide, où elle vient ordinairement trop forte & trop substantielle,

___

(*a*) La briffe ou freze arrive trois ou quatre jours
après la quatriéme mue, & dure autant ; c'est le temps
du grand appétit des Vers à Soie. Ils consomment,
comme je l'ai déjà dit, deux fois autant de feuilles pendant ce court espace, qu'ils ont fait depuis leur naiffance. On ne sauroit apporter trop d'attention à satisfaire
l'appétit dévorant de ces Insectes ; il ne faut jamais les
laisser un seul instant sans nourriture, sans quoi ils traînent beaucoup, & ne filent que des cocons foibles &
mal étoffés.

qu'après l'avoir fait tranfpirer. (*a*)

La feule objection qu'on puiffe faire contre le Mûrier greffé, eft fon peu de durée; il pourroit cependant très-bien fe faire que dans ce climat ici qui eft tempéré, elle fût beaucoup plus grande que dans la partie méridionale de la France, où les pluies moins fréquentes, & le terrein plus defféché par l'ardeur du Soleil, fe trouve bien plutôt épuifé par la grande diffipation que fait cet Arbre des fucs nourriciers. C'eft le temps feul qui peut juftifier cette conjecture, auffi-bien que l'efficacité d'un moyen que je propoferai dans le Chapitre fuivant, pour prolonger fa durée, fans cependant pour cela changer fa qualité.

(*a*) Voici comme on fait tranfpirer cette feuille; on l'étend fur un drap, au grand foleil pendant l'efpace d'une demi-heure, après quoi on l'enveloppe dans le même drap, en en liant les quatre coins enfemble, puis on l'apporte à la maifon où l'on la laiffe ainfi encore une demi-heure, enfuite on l'étend dans un endroit frais, & on ne la fert au Ver que le lendemain : cette tranfpiration eft néceffaire pour diffiper le trop de flegmes qu'elle contient, & qui deviendroit pernicieux aux Vers à Soie.

CHAPITRE III.

Des différentes manieres de multiplier le Murier.

ON multiplie le Murier par la femence ; fa graine reffemble affez au millet : elle eft renfermée dans la mure. (*a*) On ne doit la prendre que fur les Arbres greffés , & particuliérement fur le Murier d'Efpagne ; fa graine , à ce que l'on prétend , produit des Arbres plus beaux , & dont la feüille eft moins découpée. (*b*)

Dans les Pays chauds , on feme le Mu-

(*a*) Lorfque les mures font dans leur parfaite maturité , ce qui fe connoît quand elles tombent de l'Arbre , on en prend une certaine quantité , on les met dans un crible que l'on plonge dans un baquet d'eau ; on les écrafe en les frottant entre les mains : la graine fe détache , paffe par les trous du crible , & tombe au fond du baquet , d'où on la retire pour la faire fécher & la conferver jufqu'au Printemps fuivant.

(*b*) Je n'ai pu en faire l'expérience , ne m'ayant pas été poffible jufqu'ici de me procurer des Muriers d'Efpagne , ni d'en avoir de la graine ; mais je fuis très-difpofé à croire que les productions de cette graine doivent participer aux qualités de l'Arbre d'où elles fortent.

rier en pleine terre , & auſſi-tôt que la graine eſt recueillie ; mais ici il faut attendre le Printemps ; le véritable temps eſt le mois d'Avril ; ſi l'on la ſemoit au mois d'Août , les jeunes Muriers n'auroient pas le temps néceſſaire pour ſe fortifier avant les premieres gelées , & l'Hiver n'en laiſſeroit pas un ſeul. (*a*)

On pourroit ici très bien ſemer auſſi les Murier en plein champ dans une terre bien amandée ; mais on doit préférer de les ſemer ſur couche : il n'y a nulle comparaiſon à faire entre les uns & les autres. Le Murier croît ſur couche infiniment plus vite ; il y prend beaucoup de corps en peu de temps ; ſon écorce eſt plus belle ; il y acquiert une force & une vigueur qu'il conſerve dans tous les âges , & réuſſit dans toutes les ſortes de terreins où l'on le plante par la ſuite ; il y fait des progrès beaucoup plus rapides ; on s'apperçoit de la vigueur que lui donne la

---

(*a*) C'eſt ce qui m'eſt arrivé , ayant recueilli de la graine ſur un jeune Murier ; je la ſemai tout de ſuite ; elle leva très-bien , mais l'Hiver quoique fort doux , n'en laiſſa pas un ſeul.

couche ,

couche, auſſi-tôt qu'il eſt planté en Pépiniere. (a)

On fait avec le Murier de ſemence,
des paliſſades. La greffe du Murier ne
réuſſiſſant que ſur le Murier , quoique
pluſieurs Auteurs aient écrit qu'elle réuſ-
ſiſſoit auſſi ſur l'Orme ; on s'en ſert pour
greffer les belles eſpèces ; il eſt certain
que quand il pourroit être vrai qu'il y
eût quelques autres ſujets ſur leſquels la
greffe pût réuſſir , il ſeroit toujours plus

(a) J'ai ſemé des Muriers en pleine terre , dans un
terrein excellent & bien amandé ; quelque ſoin que j'en
aie eu , ils ſont venus noueux , n'ont fait que de foibles progrès relativement à ceux qui avoient été ſemés
ſur couche dans le même temps , & ils n'ont jamais eu
la vigueur de ces derniers. Actuellement ils ſont encore en Pépiniere, & les autres ſont plantés à demeure ;
enfin, il ſemble qu'il y ait entre eux une différence d'âge
de trois ans. Ceux qui ont été élevés ſur couche, au
moyen de la méthode avec laquelle je les gouverne,
ont eu la ſeconde année cinq à ſix pieds de hauteur , &
près de trois pouces de circonférence par le bas ; ils ont
crû où je les ai mis , avec une promptitude ſinguliere ;
la greffe même que l'on confie à ces ſujets vigoureux,
réuſſit infiniment mieux. Cette expérience m'a appris à
ne jamais ſemer que ſur couche.

Je ſuis convaincu qu'il en eſt de même pour toutes
les autres eſpèces d'Arbres, & qu'ils réuſſiroient toujours beaucoup mieux dans toutes les ſortes de terreins
où on les planteroit , ſi l'on prenoit la précaution de

C

naturel de fe fervir du Murier. (a)

On perpétue & on multiplie par la greffe, les belles efpèces du Murier ; l'opération de la greffe eft certainement ce qu'il y a de plus important dans fa culture, même par rapport à l'éducation des Vers à Soie. Par fon moyen on change

---

ne les élever que fur couche, de même que les Arbres qu'on éleve par la voie de la bouture.

Il femble que ce foit au berceau, que le tempérament, non-feulement des animaux, mais auffi celui des végétaux, fe forme. Les Arbres qui naiffent de graine dans les forêts, la Nature les y éleve fur couche ; c'en eft une véritable en effet, que le terrein des bois ; rien n'eft fi excellent ; il n'eft jufqu'à une certaine profondeur plus ou moins grande, felon l'ancienneté du bois, qu'un pur terreau formé par les débris des branches & par la chute annuelle des feuilles. Pour fe convaincre de l'excellence de cette terre, on n'a qu'à s'en fervir pour les Orangers, & pour planter les efpaliers de Pêchers & d'Abricotiers.

(a) Mr. Duhamel, ce Philofophe à qui l'Humanité a tant d'obligations, avoue qu'il a inutilement tenté de greffer le Murier fur l'Orme. Quoiqu'il y ait bien de la témérité à prétendre réuffir où un tel homme a échoué, je l'ai cependant tenté auffi, mais fans fuccès. A vrai dire, on n'auroit pas tiré de cette réuffite, un grand avantage ; il eût toujours fallu, pour fe procurer des Ormes, les multiplier par la femence, & le Murier vient tout auffi facilement par cette voie ; & comme je l'ai déjà dit, il fera toujours beaucoup plus naturel de greffer le Murier fur lui-même, que deffus toutes autres efpèces d'Arbres.

la petite feüille d'un Sauvageon qui ne donneroit que peu de profit, en une grande feüille qui profite beaucoup, & qui fait rendre au Ver une plus grande abondance de Soie; l'Arbre greffé croît infiniment plus vîte, & l'on en jouit beaucoup plutôt : avantage très - grand, felon moi.

On peut greffer le Murier par toutes les méthodes ufitées, mais cependant l'ufage eft de n'employer que la greffe en flûte & celle en écuffon.

La greffe en flûte eft peut-être de toutes les façons de greffer, la plus difficile ; elle confifte à lever fur une branche de Murier de belle efpèce, un anneau d'écorce qui ait au moins un bon œil, & de le gliffer fur l'aubier du fujet, après en avoir enlevé l'écorce ; il faut par conféquent que la branche du franc fur laquelle on enleve la virole, foit exactement de la même groffeur que le fujet fur lequel on l'infinue. En effet, fi l'anneau ne joignoit pas exactement, la greffe ne réuffiroit point ; au contraire, fi le Sauvageon étoit trop gros, il la feroit fen-

C ij

dre , ce qui empêcheroit également la
réuffite.

La greffe en écuffon eft bien plus facile ; mais comme on prétend que le jet
qu'elle pouffe , fe décolle facilement de
deffus le fujet , on ne pratique en Languedoc , à caufe des vents impétueux
qui y régnent prefque toujours , que la
greffe en flûte qui n'a pas le même inconvénient ; mais ici où les vents font
beaucoup moins fréquens & moins vio-
lens , il faut donner la préférence à l'écuffon en faveur de la facilité de l'opération.

On greffe, foit en écuffon , foit en flûte , à la feve du Printemps & à celle
d'Automne , mais on ne doit abfolument
greffer le Murier en Bourgogne , qu'à
la premiere feve ; fi l'on attendoit à la
feconde , le jet de la greffe n'ayant pas
eu le temps de murir , l'Hiver le détrui-
roit infailliblement. (a) Perfonne n'ignore
la maniere de greffer en écuffon ; la
pratique en eft la même pour le Mu-

(a) J'ai greffé des Muriers à la feve d'Août , qui pouf-
ferent de très-beaux jets ; mais l'Hiver , quoiqu'affez
doux , ne m'en laiffa pas un feul.

rier , que pour tous les autres Arbres ;
il faut feulement avoir l'attention de ne
le greffer que lorfqu'il n'y a plus rien à
craindre des petites gelées.

Comme il faut greffer le Murier fur lui-
même , on ne fauroit abfolument dire qu'on
le multiplie par la greffe, puifque multiplier une chofe , c'eft en augmenter le
nombre ; mais on le multiplie réellement
par le provin , la marcotte & la bouture.

On appelle provin ou rejetton , les jets
qu'un Arbre pouffe de fon pied ; en coupant au Printemps un Murier contre terre,
la fouche pouffe auffi-tôt plufieurs jets ;
pour leur faire prendre racine , il ne faut
que les coucher en terre au Printemps fuivant , & les y affujettir au moyen d'un
petit crochet de bois ; l'année fuivante ,
ils ont affez de racines pour être plantés
en Pépinieres : cette opération s'appelle
provigner.

Cette méthode n'eft guéres praticable
que fur des Muriers fauvageons que l'on
peut couper auffi bas que l'on le juge à
propos , & ne fauroit procurer que des

fujets pour greffer. En ce cas, la voie
de la femence eft préférable ; la greffe
réuffit toujours beaucoup mieux fur le Murier venu de graine. On peut cependant
fe procurer par cette pratique, des Muriers qui aient la même qualité que les
francs, ce qui eft d'un grand avantage ;
mais pour lors étant obligé de fe fervir
de Muriers greffés, la pratique eft différente.

On ne peut enter un Murier, &
même tout autre Arbre, plus bas que
quatre à cinq pouces au deffus de la terre,
& cela pour éviter que l'enture ne puiffe
jamais être enterrée : ainfi il eft certain
que fi l'on coupoit un Murier greffé à rafe
terre, ce ne feroit plus le franc qui donneroit des jets, mais le fauvageon. Il faut
donc abfolument le couper à quatre ou
cinq travers de doigts au deffus de la
greffe ; pour lors les jets qui fortiront à
cette hauteur, ne pouvant plus être cou-
chés en terre, il faudra, pour obvier
à cet inconvénient, avoir recours à un
expédient qui eft bien fimple.

Il n'eft queftion que de planter au fond

d'un foſſé, des jeunes Muriers greffés, ou même de les y greffer. Ce foſſé doit avoir un pied de profondeur, & environ huit pouces de largeur. Il faut donner à ce foſſé, autant que l'arrangement du terrein peut le permettre, une direction de l'Eſt à l'Oueſt, ou du Couchant au Levant, ce qui eſt la même choſe. Au moyen de cet arrangement, il eſt facile d'enterrer à droite & à gauche les jeunes pouſſes de la greffe, ſans riſquer de les éclater : c'eſt toujours au Printemps que l'on les enterre, mais auparavant il eſt néceſſaire d'en venir à une ſorte d'opération, pour leur faire prendre racine & plus ſûrement & plus facilement.

Cette opération ſe fait de pluſieurs manieres ; ordinairement on coupe la branche à mi-bois, puis on la fend dans une longueur d'environ quatre à cinq pouces, & l'on fixe en terre la partie détachée, au moyen d'un petit crochet.

Je me ſuis apperçu que cette méthode avoit des inconvéniens qui devoient la faire rejetter. Souvent l'entaille que l'on fait à la branche pour lui faire prendre

racine , y occafionne des chancres qui
par la fuite font la caufe de la ruine de
l'Arbre. Je me fers d'une autre méthode
plus fûre & plus facile, & qui n'eft fu-
jette à aucun inconvénient.

J'enleve dans l'endroit où la branche
peut être couchée en terre , un anneau
d'écorce , d'un travers de doigt de
largeur , & cela au Printems , dans
le tems que le bois commence à être
bien en feve ; j'entoure l'endroit où j'ai
enlevé l'écorce , avec une ficelle cirée ;
je la ferre le plus qu'il m'eft poffible ,
après quoi j'affujettis la branche dans une
petite foffe ; je la couvre de terreau ; je
la raccourcis de façon qu'il n'y ait qu'un
ou deux yeux hors de terre , & j'ai foin
de la faire arrofer fouvent. On apelle ce
procédé, marcotter , & marcotte la branche ainfi préparée.

On peut auffi pratiquer la même opération fur des Muriers greffés de haute
tige ; en ce cas il ne faudroit qu'ajufter
à la branche un petit panier ou quelque autre chofe qui pût contenir de la
terre , & avoir foin d'arrofer fouvent.

(*a*) Au mois d'Avril de l'année fuivante, on enleve toutes ces marcottes, qui fe trouvent bien enracinées, on les plante en pépiniere, & elles fervent à faire des Arbres de haute tige, ou des buiffons.

On apelle bouture une branche d'arbre que l'on plante en terre pour lui faire prendre racine. Toutes les efpèces d'Arbres peuvent peut-être venir de bouture, mais les uns plus facilement que les autres. Par exemple, c'eft la feule façon de multiplier les Arbres aquatiques. On en prend une branche, on la plante dans un terrein convenable, & on eft fûr de la réuffite. Mais pour les autres Arbres qui n'ont pas la même facilité à fe

---

(*a*) On peut très-aifément, fans le fecours de la greffe, réuffir à fe procurer par cette voie, toutes fortes d'Arbres, même des Orangers qui aient tous les avantages des greffés ; les Muriers multipliés par cette méthode, l'emporteront peut-être fur les greffes, par la durée : je dirai dans peu, fur quoi je fonde cette conjecture.

J'ai imaginé & fait exécuter un gobelet de fer blanc, à charniere, qui s'ajufte fort aifément à la branche, ce qui facilite beaucoup l'opération ; au refte, je n'ai garde de me donner pour l'inventeur de cette pratique ; elle eft dûe, je crois, à M. Duhamel, à qui elle a fervi à s'affurer de la circulation des deux feves dans les Arbres, & leurs deftinations.

multiplier par cette voie , il faut des pré-
cautions , sur-tout dans ce Pays-ci, sans
lesquelles il n'en vient point , ou bien
peu. (*a*)

Le tems de planter les boutures , est
le mois d'Avril. Pour multiplier ainsi le
Murier , on choisit sur un Arbre greffé
de bonne espèce , une belle branche de
bois de l'année précédente. On a soin en
la coupant , qu'il y ait une petite portion de bois de deux ans. (*b*) On pré-
pare une couche de fumier chaud , sur
lequel on met aux environs d'un piend

(*a*) Dans les climats chauds , tels que le Languedoc
& la Provence, les Muriers, & même les Orangers y
viennent de bouture, & presque sans soin ; mais ici où
la nature plus marâtre, ne nous dispense ses faveurs qu'a-
vec une main avare , il faut que l'art supplée à ce qu'elle
nous refuse : chaque Pays demande une culture particuliere, elle doit être différente par-tout , & se régler sur
le climat.

(*b*) On pourroit aussi prendre des boutures sur des
Muriers venus de marcottes ou de boutures, puisqu'ils
ont les mêmes qualités que les greffés ; mais il faut
toujours les prendre sur ces derniers. J'ai remarqué que
leur production se soutenoit mieux, au lieu que celles
des autres dégénerent à mesure qu'elles s'éloignent de
leur source ; c'est aussi par cette raison qu'il ne faut
se servir que des Muriers greffés pour faire des marcottes, & pour prendre des greffes.

d'épaiffeur de tan, (*a*) & fur ce tan,
autant de terreau mêlé d'un quatriéme de
terre franche : on y enterre la bouture
de fix ou fept pouces au moins, & dans
une pofition un peu couchée : on en coupe le deffus ; on ne laiffe hors de terre,
qu'un ou deux yeux, & on les arrofe
fouvent, par ce moyen il n'en manque
que très-peu ; aulieu qu'en les plantant
en pleine terre, la réuffite eft bien dou-
teufe, & pour le peu qu'il en vînt, il
en feroit de même que pour le Murier
de femence ; elles n'auroient jamais ni la
vigueur ni la réuffite de celles qui feroient venuës fur couche.

Par la voie de la bouture & de la mar-

(*a*) Le tan n'eft autre chofe que de l'écorce de
Chêne réduite en poudre groffiere, dont les Tanneurs
fe fervent pour préparer leurs cuirs : au fortir des foffes,
on l'emploie communément à faire des mottes à brûler.
On a reconnu que cette fubftance échauffée par le fumier, confervoit long-temps une chaleur douce qu'elle
communiquoit à la terre dont on la couvroit.
Ces couches de tan font fort en ufage dans les ferres
chaudes ; ou y enfonce les pots des Plantes étrangeres
qu'on y éleve. C'eft auffi un fecret affuré pour faire re-
prendre fûrement les Arbres qui viennent de loin, &
qui ont fouffert dans le tranfport, tels que les Orangers & autres de cette efpéce.

cotte , on fe procure tous les ans un grand nombre de Muriers qui ont les mêmes qualités que s'ils étoient greffés , & qui peut-être pour la durée , doivent , je crois , leur être préférés.

Le Murier greffé a tant d'avantage fur le fauvageon , & par la culture , & pour l'éducation des Vers à Soie , qu'il n'eſt pas furprenant que malgré fon peu de durée , on lui ait donné la préférence dans tous les Pays où fes avantages font bien connus. Cependant fa vieilleſſe prématurée , a engagé pluſieurs Cultivateurs intelligens & zélés , à rechercher avec foin , la cauſe & le remede à un mal qu'ils ont regardé comme très-préjudiciable au bien général & particulier. (a) Les uns (b) l'ont attribué à l'opération

---

(a) Au Tonquin, on fe foucie peu de la durée des Muriers ; on ne donne jamais aux Vers à Soie , que de la feuille de jeunes Arbres : fi-tôt qu'ils ont trois ou quatre ans , on les arrache pour en replanter de nouveaux. *Dampierre , Voyage autour du Monde.*

(b) Entre autre l'Auteur d'un petit Traité fur la culture du Murier & l'éducation du Ver à Soie , imprimé dans le Journal Œconomique , & depuis peu , féparément : cet Auteur ne paroît avoir que de la théorie , & point de pratique.

de la greffe, & ne voyant aucun moyen d'y remédier, ont proposé en conséquence de ne planter à l'avenir que des Muriers sauvageons : certainement ce remede seroit pire que le mal. Le grand produit des plantations, (je ne cesserai pas de le répéter,) dépendra toujours de pouvoir multiplier la feüille du Murier, sans pour cela multiplier l'Arbre.

Un autre (*a*) a proposé comme un moyen assuré, de greffer le Murier blanc sur le noir, qui étant plus robuste & vivant long-tems, communiqueroit infailliblement au sujet que l'on lui confieroit, toutes ses qualités. L'Auteur n'a sans doute pas fait attention que le Murier blanc sauvageon, a tout autant de force, & qu'il pousse sa carriere tout aussi loin que le noir ; ainsi ce moyen ne sauroit produire le bien qu'il en attend. Mais quand on seroit autant assuré de son efficacité, qu'on l'est peu, il resteroit encore des doutes bien fondés, sur les qualités

----

(*a*) Mr. Rodier, Inspecteur des nouvelles Manufactures, dans un Mémoire sur le Murier & l'éducation des Vers à Soie.

de la feüille , & il pouroit très-bien arriver que ces Arbres feüillaffent beaucoup
plus tard , ce qui feroit très-préjudiciable.

Enfin Mr. l'Abbé Boiffier de Sauvage ,
dans un Mémoire fur la culture du Murier , attribuë leur prompt dépériffement
à une trop grande diffipation des fucs
nourriciers , occafionnée par la greffe.
J'obferverai cependant , que fi c'en étoit
là la véritable caufe , il feroit peut-être facile d'y remédier , au moins en partie ,
à force de culture & d'engrais.

Après avoir raporté les différentes cau-
fes aufquelles on attribuë communément
la fin trop prématurée du Murier greffé ,
je vais maintenant faire part de mes propres idées fur ce fujet , que je me gar-
derai bien de donner comme une déci-
fion : je fuis obligé auparavant , d'entrer
dans un petit détail ; mais je l'abregerai le
plus qu'il me fera poffible.

Il eft certain que tous les Arbres croiffent à raifon de la grandeur de leurs feüilles ; (a) c'eft une vérité dont il eft aifé

_____

(a) Il faut fuppofer que chaque efpèce d'Arbre foit

de fe convaincre , & par une raifon in-
verfe , tous les Arbres qui ont les feüilles
les plus grandes , croiffent auffi avec plus
de rapidité , la feve y circule en plus
grande abondance ; ils en font en conféquence une plus grande diffipation ; leur
bois eft moins compacte , parce que les
conduits de la feve en font plus ouverts ;
leur vie doit donc être néceffairement
moins longue, ainfi il eft inutile de chercher à la prolonger au-delà du terme que
la nature a fixé ; ils fourniffent égale-

---

plantée dans le terrein qui lui convient. En effet, un
Arbre qui par fa nature vient très-vîte, tel par exemple que le Platane, dont la feuille eft très-grande, s'il
étoit planté dans un terrein aride, feroit peut-être moins
de progrès qu'un Cormier qui croît fi lentement, ne feroit dans un terrein fubftantiel.

Les bois aquatiques qui croiffent toujours fi rapidement lorfqu'ils font dans des fonds humides & fur le
bord des rivieres, ne le font cependant qu'à raifon de
la grandeur de leurs feuilles. Le Peuplier d'Italie, cet
Arbre fi utile, qu'on ne connoît que depuis peu de temps
en France, qu'on ne fauroit trop multiplier, & dont il
me femble qu'il feroit très-utile de former des Pépinieres
publiques, ce Peuplier, dis-je, a la feuille plus grande
que le nôtre ; auffi fait-il bien d'autres progrès.

Cette vérité de la croiffance des Arbres à raifon de
la grandeur de leurs feuilles, eft fi conftante, que
parmi les Muriers fauvageons plantés dans le même terrein, ceux qui ont la feuille la plus grande, viennent
toujours le plus promptement.

ment leur carriere , mais à la vérité ,
dans un espace beaucoup plus court ; il
faut seulement chercher à prévenir les maladies qui peuvent encore en abreger la
durée. C'est en effet aux maladies du Murier greffé , qu'on doit attribuer sa fin
trop précipitée ; il est question d'en rechercher la cause pour y aporter le remede ; ou bien si le mal se trouve inséparab-
ble de l'opération de la greffe , il faut
chercher à lui substituer un autre Murier
qui sans être greffé , en ait cependant
toutes les qualités.

Il circule dans le Murier comme dans
tous les autres Arbres , deux seves , l'une
qui descend , & l'autre qui monte ; il en
circule la plus grande partie entre l'aubier & l'écorce , le reste filtre dans le
corps ligneux , pour y porter la vie &
l'accroissement , à travers une infinité de
petites ouvertures qui n'affectent entre elles
aucune forme déterminée , & qui sont plus
ou moins grandes & multipliées , selon la
nature de l'Arbre. (a)

(a) Les bois les plus durs , sont les moins poreux ;

La

La feve qui defcend , eft employée particuliérement à l'accroiffement des racines;
elle eft fournie par les pluies , les rofées ,
& fur-tout par le nitre de l'air qui s'infinue par les pores des feüilles. Ainfi , plus
les feüilles font grandes , plus elles préfen-
tent de furface à l'air , & plus elles portent aux racines une abondante nourriture , qui par là s'étendant beaucoup ,
& embraffant un plus grand champ , fourniffent une abondance de feve dont il fuit
néceffairement un accroiffement très-ra-
pide. Voilà pourquoi tous les Arbres qui
ont les feüilles les plus grandes , en fup-
pofant qu'ils foient plantés dans un terrein qui leur convienne , croiffent toujours
plus rapidement ; & que les Arbres qui
doivent croître le plus rapidement , ont

delà vient leur pefanteur. La feve ayant moins de facilité à s'y introduire , ils en confomment peu , font
plus long-temps à épuifer le terrein , & en conféquence
croiffent lentement : leur feuille n'eft jamais grande.
Il faut cependant excepter de cette régle , les bois
raifineux , comme le Sapin qui croît lentement , quoique fon bois foit très-poreux ; fes feuilles à la vérité
font très-petites , mais très-multipliées : il faut fans doute
que la plus grande partie de la feve fe convertiffe en ré-
fine.

D

toujours la plus grande feüille, ou la plus multipliée, ce qui peut-être revient au même ; ils ont auſſi les pores de leur bois beaucoup plus ouverts, & cela pour laiſſer un plus libre cours à l'abondance de la ſeve. On peut s'aſſurer de la vérité de ces aſſertions, par le procédé que j'ai indiqué pour la génération des Marcottes.

En effet, ſi on enleve un anneau d'écorce à une branche d'Arbre, qu'on lie fortement avec une ficelle cirée, l'endroit découvert de l'aubier, il ſe forme auſſi-tôt deux bourrelets, l'un au deſſus, & l'autre au bas. Le premier eſt formé par la ſeve qui deſcend, & en fort peu de temps il en fort des racines ; celui du bas eſt formé par la ſeve qui monte, & il en fort des petits bourgeons : cette expérience prouve invinciblement la deſtination de ces deux ſeves. La branche cependant ne meurt pas pour cela ; elle pouſſe foiblement, à la vérité, ce qui prouve qu'il circule à travers les pores du bois, une aſſez grande portion de ſeve. La multiplicité ou la grandeur des conduits de la feve , eft toujours à raifon de la grandeur des feüilles. Dans les terreins fecs , où les fucs nourriciers font moins abondans , les feüilles diminuent toujours de grandeur ; pour lors ces conduits de la feve fe retréciffent auffi , mais d'une maniere uniforme & infenfible dans toute l'étendüe de l'Arbre ; en vieilliffant , l'épuifement des fucs , quoiqu'il foit planté dans un terrein fubftantiel , produit auffi le même effet.

Ces effets naturels influent également fur le Murier comme fur tous les autres Arbres ; mais de plus, il incline encore par fa nature, à une dégradation qui lui eft propre. Il n'y a que l'opération de la greffe qui puiffe l'empêcher & qui puiffe fixer l'état de la variété qu'on veut perpétuer.

L'opération de la greffe ayant fixé l'état de l'Arbre, les feüilles reftent toujours grandes , & par l'abondance des fucs qu'elles fourniffent , elles maintiennent les pores du bois de la partie greffée , toujours très-ouverts. Au contraire , ceux du fujet diminuent de grandeur par les effets de cette dégradation qui lui est naturelle ; ce qui lui doit nécessairement occasionner, par l'abondance de la seve qui vient des feuilles, un déchirement dans son bois, & dans ses racines, un accroissement forcé, qui en peu de temps les rend chancreux ; alors les racines se trouvant hors d'état de fournir autant qu'elles reçoivent, on voit l'Arbre périr en détail, & enfin se détruire totalement. (*a*)

(*a*) J'ai examiné au Microscope des petits morceaux de bois d'un très-grand nombre de Muriers sauvageons de même âge, & plantés dans le même terrein, j'en ai toujours trouvé les pores plus ou moins grands, à raison de la grandeur de leurs feuilles. J'ai toujours remarqué aussi, qu'à mesure que leurs feuilles diminuoient de grandeur, les pores de leurs bois en diminuoient aussi, & leurs accroissemens devenoient moins rapides. Il est vraisemblable de croire que la diminution dans la grandeur de la feuille du Murier, n'est occasionnée que par le rétrécissement des pores de l'Arbre.

Je n'ai pas remarqué cette dégradation dans les Muriers greffés ; au contraire, ils se maintiennent sans presque d'altération, à moins qu'ils ne soient plantés dans un terrein aride, & cela par une propriété singuliere attachée à l'opération de la greffe. J'ai jugé aisément qu'une dégradation si prompte dans les variétés de cet Arbre, lui étoit naturelle, & qu'elles ne pouvoient être fixées que par la greffe seule ; mais qu'en même-temps se trouvant peu d'analogie entre le franc & le sujet, il devoit nécessairement en résulter les effets que j'ai rapportés.

Pour me convaincre encore davantage de la vérité de

L'opération de la greffe par elle-même, n'accelere point la perte du Murier ; elle ne l'occasionne, que parce qu'elle fixe son état, & que le Sauvageon ayant une disposition naturelle à dégénérer, il se trouve toujours, à mesure que le Murier greffé vieillit, moins d'analogie entre le bois du sujet & celui du franc ; delà viennent les maladies qui causent le trop prompt dépérissement de l'Arbre. Pour remédier à cet inconvénient, il faudroit donc pouvoir trouver un sujet qui eût moins de disposition à se dégrader. Les Muriers venus de marcotte & de bouture, me paroissent être exempts de ce défaut, puisque leurs feüilles se maintiennent toujours grandes & belles, & ne

---

cette observation, je coupai dans une branche qu'avoit poussé le sauvageon d'un Murier greffé, un morceau de deux pouces de longueur, que je réduisis environ à un pouce de diametre ; je coupai sur la partie greffée du même Arbre, un autre morceau de même longueur ; je les rendis l'un & l'autre les plus égaux qu'il me fut possible, ensuite je les pesai dans de très-bonnes balances, la pesanteur du morceau du sauvageon, se trouva l'emporter de dix-sept grains sur celui du franc ; ce qui, je crois, confirme ce que j'ai avancé jusqu'ici.

D iij

fe découpent jamais. On pourroit, je crois, s'affurer d'une heureufe réuffite, en greffant fur ce Murier dont le bois confervant toujours la même analogie avec celui de la greffe, ne feroit plus fujet aux mêmes accidens. Cependant, comme par cette pratique on ne gagneroit gueres que de donner un petit degré de perfection de plus à la feüille, je crois qu'il vaudroit mieux s'en tenir à multiplier feulement le Murier par la voie de la marcotte & de la bouture, & ne greffer que pour cet objet. Ce moyen eft plus fûr, & il eft certain que cet Arbre fera exempt des maladies du greffé, qu'il durera beaucoup plus longtemps, & qu'on y trouvera les mêmes avantages. (*a*)

(*a*) Elle ne fera jamais fi grande que celle du Murier fauvageon, parce qu'il épuifera bien plutôt les fucs nourriciers de la terre, par la rapidité de fon accroiffement ; mais étant exempt des maladies du Murier greffé, il durera infiniment plus long-temps.

CHAPITRE IV.

Des Palissades de Muriers.

LA palissade est une continuité d'Arbres quelconques, (a) plantés fort proches les uns des autres, alignés au cordeau, ou servans de contour à différentes figures : on les taille avec le ciseau, & on les arrête à la hauteur qu'on juge à propos. On peut former des palissades de Muriers sauvageons ; ils se palissent très-bien, & souffrent la tonte. Tout ce qu'on peut leur reprocher, c'est qu'ils feüillent un peu plus tard que tous les autres Arbres qu'on emploie ordinairement à cet

---

(a) On peut employer en Bourgogne un grand nombre d'Arbres pour former des palissades. Ceux qu'on emploie le plus communément, sont le grand & le petit Erable ; ce dernier a l'avantage de venir à l'ombre ; l'Aube-Epine & le Prunier qui font un joli effet lorsqu'ils sont fleuris ; enfin le Charme, qui est celui à qui je donnerois la préférence.

L'Arbre de Judée feroit en portique, au Printemps, un coup d'œil admirable. On peut faire aussi des palissades toujours vertes avec le Houx, le Cypre, l'If & le Sabinier.

usage ; mais si ce défaut leur fait donner l'exclusion des Jardins, leur utilité infinie sous cette forme, tant pour hâter l'éducation des Vers à Soie, que pour leur fournir une nourriture convenable dans les premiers temps de leur vie, doit engager à en planter autour des emplacemens destinés à faire des plantations de Murier.

On doit former ces palissades avec du plan de deux ans, qu'on appelle pourette, & qu'on plante à sept à huit pouces de de distance les uns des autres. (a)

_____

(a) Pour planter ces palissades, il faut ouvrir avant l'Hiver, autant que cela se peut, une tranchée de deux pieds de largeur, & d'autant de profondeur. On doit mettre la terre de la superficie, qui est toujours la meilleure, d'un côté ; lorsqu'on s'apperçoit qu'elle change de couleur, il faut la remettre de l'autre côté. A la fin de Mars ou au commencement d'Avril, qui est le temps de planter, on jette dans la tranchée la meilleure terre ; on tend un cordeau pour aligner la palissade ; on étend les racines de la pourette sur cette terre, & on les y assujettit avec d'autres bonnes terres très bien meublées, après quoi on remplit la tranchée avec du fumier pourri, & par dessus on répand la terre qu'on a tirée du fond.

Il faut avoir l'attention de ne pas enterrer la pourette plus qu'elle n'étoit sur son semi, que d'un ou de deux pouces ; il faut aussi avoir soin de raccourcir un peu ses racines, de ne laisser qu'un seul jet en cas qu'il y en ait plusieurs ; ce qui seroit une marque qu'elle auroit été

On ne doit donner à ces paliſſades, que cinq pieds de hauteur, pour avoir plus de facilité à cueillir la feüille. Il faut les cultiver avec ſoin, & ne pas laiſſer venir de mauvaiſes herbes au pied, & ſur-tout le Liſeron qui grimpe après les branches, & leur fait beaucoup de tort. Comme je ne ſuis point du tout d'avis de ces ſortes de paliſſades dans les Jardins de propreté, où tout s'oppoſeroit à leur cul-

---

mal élevée, & de la réduire à ſix ou ſept pouces de longueur. On doit auſſi la faire tremper au moins douze heures avant que de la planter, ſi elle vient de loin, & avoir toujours à côté de ſoi, le baquet dans lequel on les a fait tremper, & ne l'en tirer qu'à meſure qu'on la plante. Cette pratique doit s'obſerver même à l'égard de la pourette qu'on replante enſuite qu'on l'arrache.

Je n'aurois pas parlé de la façon de planter les paliſſades, ſi elles s'étoient trouvées dans l'inſtruction concernant le Murier blanc, imprimée par ordre de Meſſieurs les Elus Généraux. Il eſt vrai que la manière de planter les buiſſons & les hautes tiges, pourroit bien y ſuppléer; elle y eſt très-bien détaillée. Cependant je ne puis être de l'avis de l'Auteur de cette feuille, qui prétend qu'on peut planter le Murier auſſi-tôt & pendant tout le temps que la végétation eſt interrompue.

J'ai appris par quantité d'expériences, que le mois de Mars & d'Avril étoient le ſeul temps pour planter; j'ai toujours remarqué que tous les Arbres que j'ai planté dans cette ſaiſon, Muriers & autres, ont le mieux réuſſi, & qu'il en a le moins manqué.

ture & au produit qui en fait le principal objet, on ne doit pas les tailler au
mois de Juillet, comme on fait celles
des autres Arbres, toutes les extrémités
coupées, & tout ce qui auroit été écor-
ché par le ciseau, n'ayant pas eu le temps
de se recouvrir avant l'Hiver, elles en
souffriroient beaucoup. (a) Il est plus à
propos d'attendre le Printemps, & même
on peut différer jusqu'à ce qu'elles pous-
sent, pour mettre la feüille à profit.

Les palissades viennent très-bien à toutes sortes d'expositions ; mais celle du
Nord leur convient le moins ; celle du
Midi est la plus avantageuse. En effet,
avec la disposition qu'a le Murier sauvageon à pousser plutôt que le franc, cette
exposition l'avance encore beaucoup ; ce
qui est d'une conséquence infinie pour hâter l'éducation des Vers à Soie, dont le

_____

(a) Ce n'est qu'au Printemps qu'on doit faire aux
Muriers tous les retranchemens qu'on y croit nécessaires : il est très-dangereux d'y toucher plutôt, au moins
en Bourgogne. J'ai une palissade de deux cent pieds de
long, qui est assez belle, & qui a beaucoup souffert
pour avoir voulu deux années de suite, la tailler au mois
de Juillet.

produit eſt toujours plus grand, à me-ſure qu'elle eſt plus hâtive.

L'opération de la taille, eſt l'obſtacle que l'on met ſans ceſſe à l'élévation du Mûrier en paliſſade, & fait que la feüille en eſt aſſez belle : on en donne aux Vers depuis leur naiſſance juſqu'après la ſeconde mue, & même juſqu'à la troiſiéme ; elle eſt tendre, & convient parfaitement à la délicateſſe de ces Inſectes pendant ces pre-miers âges.

L'embarras de fournir la feüille par la difficulté de la cueillir, n'eſt pas un obſ-tacle par le peu de conſommation qu'ils en font. Quelque nombreuſe que ſoit une éducation, une perſonne, au plus deux, ſuffiront toujours pour la fournir. Enfin, je regarde ces ſortes de paliſſades comme d'une néceſſité indiſpenſable par leur gran-de utilité, & pour hâter l'éducation de cet Inſecte, & pour lui fournir dans ſa jeuneſſe, une nourriture convenable.

CHAPITRE V.

Des Muriers en Buissons.

LES Arbres qui ne sont point élevés, ou qui n'ont qu'une tige basse, sont des buissons. Les Arbrisseaux forment naturellement des buissons ; (a) mais les Arbres qui par leur nature ont de la disposition à s'élever, veulent y être contraints par la taille. C'est en effet par cette voie, qu'en coupant leurs tiges à un pied de terre, on les oblige à former leurs têtes à cette hauteur.

Les plantations faites entièrement de Muriers nains, sont très-anciennes dans les Indes Orientales ; ce sont même les seuls qui y soient en usage. En Europe, où leur utilité a été plus tard reconnuë,

---

(a) Je crois qu'on pourroit forcer une partie des arbrisseaux à s'élever. J'ai vu un Rosier de plus de vingt pieds de hauteur, & des Suraux que l'on met communément au rang des arbrisseaux, qui formoient de grands Arbres ; dont un entre autres, avoit bien cinq pieds de circonférence, & plus de quinze de tige.

on n'a commencé que depuis peu à en
établir. En Toſcane on n'éleve preſque
plus que des Muriers en buiſſon. En Languedoc , cette pratique eſt actuellement
ſuivie par tout. Il eſt en effet certain que
rien n'eſt ſi avantageux que ces Buiſſons ,
tant pour la facilité de les cultiver , que
pour celle d'en cueïllir la feüille.

Les plantations de Muriers en buiſſons,
ſont bien plûtôt en valeur , que celles
de Muriers de haute tige ; un petit eſpace en contient un grand nombre , & par-
là il ſemble que les frais de culture ſoient
moindres , puiſque tout le terrein eſt mis
à profit , & qu'il eſt preſque tout de ſuite
en valeur. S'il n'eſt pas exactement vrai
que de deux piéces de terre d'égale grandeur , l'une plantée de grands Muriers ,
& l'autre , de nains , la derniere rende
plus de feüilles que la premiere , au moins
eſt-il hors de doute que cette ſuppoſition
aura lieu long-tems , & cela , juſqu'à ce
que les Arbres de haute tige , aient pris
leur entier accroiſſement : ces Arbres pour
lors n'ayant été ni gênés ni contraints
dans leurs progrès , & pouvant s'étendre

également en tout fens , rendront peut-
être autant de feüilles que les nains , qui
pour la facilité de cüeillir la feüille fans
échelle , & pour ne pas gêner l'épération
de la culture , doivent être refferrés dans
des bornes étroites qu'on ne leur permet
pas de franchir.

On peut former des plantations de Muriers en buiffons , dans les terres les plus médiocres , ils y réuffiffent toujours très-bien ,
(a) par la raifon que quelque peu abondante que foit la feve , ayant très-peu de
trajet à faire pour parvenir aux branches,
elle y arrive fans aucune diminution , &
tourne toute à leur profit. Les Arbres de
haute tige , au contraire , plantés dans un
terrein maigre , y font peu de progrès ;
avant que la petite quantité de feve qui

_____

(a) Le raifonnément a toujours befoin d'être appuyé
par des exemples. Je citerai , pour appuyer ce que j'a-
vance , une grande plantation de Muriers en buiffons ,
d'une beauté finguliere , près d'Aubenas en Vivarais ,
faite dans un terrein très ingrat. Je conviens que la culture a beaucoup contribué à fa réuffité ; mais cependant
il eft hors de doute qu'avec tous les foins du Propriétaire intelligent à qui elle appartient , fi cette plantation avoit été faite en Muriers de haute tige , elle n'auroit point réuffi , ou bien mal.

monte , ne foit parvenue au-deffus de la tige , elle eft en plus grande partie enlevée par l'ardeur du Soleil ; c'eft pourquoi on voit réuffir les Arbres dans un terrein fec , toujours à proportion de la grandeur de leur tige : (a) c'eft auffi par

---

(a) Il eft certain que tous les Arbres aufquels on veut donner une feule tige d'une grande élévation, ne réuffiffent jamais dans un terrein fec , & ne fauroient former une belle tête ; il faut abfolument, en plantant, avoir égard à la qualité du fol , pour y proportionner la hauteur de la tige des Arbres, ou leur forme.

Les Arbres qui font à Montmuzard , & fur-tout ceux qui forment les Promenades qui font devant , font une preuve de ce que j'avance. Ce bel endroit dont la fituation eft admirable , & que le goût du Maître travaille tous les jours à rendre plus magnifique, n'eft pas malheureufement dans un bon terrein. On a voulu , fans confulter le fol , donner aux Arbres de grandes tiges ; on en a confié le foin à une main mal habile, auffi font-ils un mauvais effet, & dépériffent-ils au lieu de croître. Il eût peut-être été facile d'élever leur têtes auffi haut qu'elles le font, & peut-être davantage, fans qu'elles euffent été moins belles, & qu'ils en euffent fouffert. Il n'eût fallu pour cela, qu'au lieu d'un feul membre qu'on leur a laiffé pour prolonger leur tige, en laiffer au contraire deux ou trois qu'on eût été maître d'élever autant qu'on auroit voulu ; là tête de ces Arbres , par cette difpofition , ayant néceffairement plus d'étendue, & préfentant une plus grande furface à l'air, auroit porté plus de nourriture aux racines, qui par là fe feroient trouvées plus en état de les nourrir à leur tour ; mais dans un terrein fubftantiel, les racines peuvent toujours fournir aux branches plus qu'elles ne reçoivent.

cette raifon du peu de trajet que la feve a à faire pour parvenir aux branches, que le Murier en buiffon, quoique greffé, pouffe prefque auffi-tôt fa feüille que la pourette toujours fi hative.

La forme qu'on donne au Buiffon, doit être celle d'un gobelet. La hauteur de tout l'Arbre ne doit point excéder celle de fix pieds ; on en cueille moyennant cela, la feüille plus aifément, avec moins de dépenfe, & fans danger : on y emploie des enfans, qu'on a toujours à meilleur marché, & l'humanité y gagne beaucoup, en ce qu'on ne voit pas arriver ces accidents fi ordinaires en cuëillant la feüille fur les grands Arbres, ce qui eft peut être l'avantage le plus précieux.

On a encore un grand avantage avec le Murier nain, c'eft qu'on peut l'étêter, & l'on peut même en faire des plantations deftinées abfolument à cet ufage ; pour cet effet on les divife en quatre parties : on en coupe tous les ans un quart, & la cinquiéme année, on recommence par la premiere coupe ; c'eft une reffource qu'on fe ménage contre les pluies :

lorfque

lorsque le tems y est disposé, l'on a bientôt fait de couper un fagot de branches qu'on emporte à la maison, & qu'on effeüille à loisir, & même si la pluïe continuoit quelques jours, il seroit plus aisé de faire sécher les feüilles étant attachées aux branches, & moins dangéreux pour le Murier, que d'en cueillir, ce qui lui fait toujours beaucoup de tort lorsqu'on en cueille pendant les tems pluvieux.

Je pourois encore ajouter à tout ce que j'ai dit du Murier en buisson, un avantage que quelques Auteurs vantent beaucoup, qui est de le pouvoir couvrir pour garantir sa feüille de la pluie ; mais il en est de l'excellence de ce moyen, comme de tant d'autres qui ne sont garantis que par la spéculation, tandis que de tout ce que l'on avance, il ne faut jamais donner d'autres garants que l'expérience. En effet quelle quantité de toile & de charpente ne faudroit-il pas pour en couvrir un petit nombre, & avec tout cela, cette ressource ne pouroit être employée que pour une petite éducation, & encore dans les commencemens.

E

Par une fatalité attachée à toutes les nouveautés , les plantations de Muriers en buiſſons , malgré toutes leurs utilités , ont eſſuyé les plus grandes contradictions ; mais il eſt arrivé , (ce qui arrive preſque toujours ,) que l'expérience a fait taire le raiſonnement.

On a enfin généralement reconnu que la feüille en étoit tout auſſi bonne & auſſi nourriſſante que celle du Murier de haute tige ; il faut ſeulement obſerver de réſerver toujours pour le temps de la briſſe , la feüille des plus vieux , comme on doit auſſi le pratiquer même à l'égard de ceux à plein vent.

La véritable diſtance que l'on doit mettre entre chaque Murier en buiſſon , eſt d'une toiſe , parce qu'en reſtreignant toujours le diametre de leurs branchages à quatre pieds , il ſe trouvera encore entre eux un intervalle de deux , qui eſt ſuffiſant pour faciliter les opérations de la culture , qui ſans cela ſeroit impraticable ; la feüille même étant , par cette diſpoſition , plus aérée , en ſera auſſi plus ſaine & moins ſujette à être tachée.

Les buiſſons pour le produit , doivent être greffés ou venus de marcottes ou de boutures de Mûriers greffés. (*a*) S'ils ſont greffés , ils doivent l'être depuis deux ans , & la tige des uns & des autres ſera ſuffiſamment haute d'un pied & de trois à quatre pouces de circonférence. Avec ces qualités , & une culture convenable , on pourra compter ſur un ſuccès aſſuré , tant pour la plantation , que pour l'éducation des Vers à Soie.

(*a*) J'ai malheureuſement l'expérience du peu de produit d'une plantation de Mûriers en buiſſons qui ne ſont pas greffés. Après que j'eus commencé à cultiver des Mûriers , ne les connoiſſant encore que médiocrement , & m'étant perſuadé ſur la foi de gens que je croyois bien inſtruits , que le ſauvageon étoit préférable au franc , je voulus augmenter le petit fonds que j'en avois déjà ; je fis venir de Lyon deux mille cinq cent de pourette , que je deſtinai à faire des buiſſons : elle n'étoit pas belle , & avoit été mal élevée. Je plantai cette pourette dans un bon terrein ; cette plantation a déjà ſept ans , les buiſſons en ſont très-forts , beaucoup ont leurs ſouches de plus de quatorze pouces de circonférence ; cependant les Mûriers ne me rendent preſque rien , & le peu qu'ils produiſent , eſt abſorbé par le monde qu'il faut pour en cueillir la feuille Si j'avois ſeulement planté le quart de buiſſons greffés , j'en retirerois bien davantage , & le produit n'en ſeroit pas enlevé par la main-d'œuvre.

E ij

Mais on ne sauroit recueillir le fruit de
tant d'avantages réunis, si l'on n'a pas un
terrein clos où l'on puisse enfermer ces
buissons pour les mettre à l'abri du bétail qui est très-friand de leurs feuilles ;
sans cela il faut y renoncer, & avoir
recours au Murier greffé de haute tige.

CHAPITRE VI.

Du Murier greffé de haute tige.

ON appelle Arbres de haute tige, ceux
dont la tige est assez élevée pour
pouvoir passer pardessous les branches
sans en être incommodé : on leur donne
plus ou moins d'élévation, selon la qualité du terrein, selon les différens usages
auxquels on les destine, & l'emplacement
où l'on se propose de les mettre.

Le Murier, par toutes les raisons que
j'en ai données, auxquelles on pouroit encore en ajouter beaucoup d'autres, n'é-
tant pas du tout propre à former des Promenades, & moins encore à orner des

Jardins , où tout s'opoſeroit à ſa culture
& à ſon produit , ne doit pas excéder
cinq pieds de tige : cette hauteur ſera
très-ſuffiſante ſi on le plante dans un terrein clos & deſtiné à lui ſeul ; ce qui eſt
toujours le mieux. Mais ſi on étoit obligé de le planter en pleine campagne , en
allées ou en bordures autour de quelques
héritages , un demi pied de plus ſuffira
toujours pour garantir ſes branches de la
dent du bérail.

Les Muriers de haute tige , au deſſus
de cinq pieds & demi , ſont trop ſujets
à être battus & renverſés par les vents ;
ils ſont plus long-tems à prendre du corps,
& la feüille s'en cuëille toujours plus dif-
ficilement , & avec plus de riſque. Enfin il en eſt du Murier comme de tous les
autres Arbres , moins la ſeve a de trajet
à faire pour circuler des branches aux racines , & des racines aux branches , plus
ils font de progrès & prennent d'accroiſſement.

Le Murier de haute tige , s'il eſt greffé ,
doit l'avoir été à ſix ou ſept pouces au
deſſus de la terre : il en vaut beaucoup

E iij

mieux lorfque c'eft la greffe qui forme
la tige. Si on l'avoit greffé aux branches,
il pouroit arriver qu'on fût par quelque
accident, obligé de l'étêter, & qu'ayant
coupé par mégarde tout le franc, il ne
reftât plus que le fauvageon, ce qui feroit une véritable perte.

Le Murier au fortir de la Pépiniere,
doit avoir fa tête formée à la hauteur
qu'on veut lui donner. Si on le laiffoit
monter fans l'arrêter, comme quelques
Auteurs le veulent, (a) il eft d'abord
certain que fa tige feroit plus long-tems
à prendre du corps. Mais de plus, lorf-

_____

(a) Entre autres M. l'Abbé Boiffier de Sauvage, dans
un Traité fur la culture du Murier, prétend qu'on doit
laiffer monter le Murier dans la Pépiniere, fans l'étêter,
& que cette opération ne doit fe faire que quand on le
plante à demeure; que pour lors on en raccourcit la
tige à une hauteur convenable, en la coupant quarré-
ment. Je fuis très fâché de ne pouvoir être de l'avis
de cet habile Cultivateur; mais j'ai l'expérience que cette
pratique eft vicieufe, au moins dans ce Pays-ci. J'ai
planté plufieurs Muriers dont les tiges étant trop élevées,
j'ai été obligé de les raccourcir; il eft arrivé que les
uns ont pouffé à la moitié, les autres au quart ou au
tiers, & aucun n'a pouffé directement au deffus, & tous
ces Arbres font fort mal venus : cela me perfuade toujours davantage, qu'il faut au Murier une culture rela-
tive au climat où l'on l'éleve.

qu'en plantant l'Arbre à demeure, on viendroit à la raccourcir à une hauteur convenable, il eſt très-douteux qu'il vînt poſitivement à ſortir des branches dans cet endroit pour y former la tête. Au contraire, ſi elle a été formée dans la Pépiniere, quoiqu'on ſoit abſolument obligé d'en couper toutes les branches tout contre la tige en le plantant à demeure, on doit être aſſuré qu'il en repouſſera de nouvelles dans cet endroit.

L'écorce du Murier de haute tige, doit être d'une couleur tirant ſur le roux, & tant ſoit peu raboteuſe. Une écorce griſe & unie, eſt la marque la plus certaine d'un Murier vicié, ou pour avoir été mal cultivé, ou pour avoir trop ſéjourné dans la Pépiniere. On ne doit pas s'attendre à retirer aucun produit d'un pareil Arbre ; il vaut beaucoup mieux ne le pas planter.

Avec les indices favorables que l'on tire des qualités du Murier par la couleur de l'écorce, ſes racines doivent encore être nombreuſes, bien nourries, & occupant toute la circonférence du pied, ſans laiſſer d'interruption.

La groffeur de fa tige doit être telle qu'en l'empoignant par le milieu, on ne puiffe qu'à peine faire toucher le pouce & le doigt index de la main, ce'qui peut faire dans cet endroit une circonférence d'environ fept pouces ; un Murier moins gros au fortir de la Pépiniere, & qui auroit toutes les qualités que j'ai raportées, languiroit long-tems, & réuffiroit très-difficilement même dans un terrein auffi bon & auffi bien cultivé que celui d'où on l'auroit tiré.

Tous ces détails des qualités indifpenfables que doit avoir un Murier au fortir de la Pépiniere, pour réuffir furement dans les Plantations, ne font pas particulierement affectés au Murier greffé ; elles font toutes auffi néceffaires au Murier venu de bouture & de marcotte, de même que pour le Sauvageon, fi malgré fon peu de produit & les défavantages de fa culture, on fe déterminoit encore à en vouloir planter.

CHAPITRE VII.

Des Plantations de Muriers.

CE n'eft plus un problême que la réuf-
site du Murier en Bourgogne ; quand
on n'auroit pas déjà l'expérience qu'ils y
réuffiffent très-bien, on pouroit s'en affurer par les progrès que fait fa culture
dans des climats qui femblent lui être fi
peu favorable, felon les préjugés reçus
à cet égard.

La Mer Baltique, par les foins du Roi
de Pruffe, en voit maintenant fur fes
bords. (a) Quelle différence de ces climats, au nôtre, (b) & que ne devons-

(a) Ce grand Prince toujours attentif à tout ce qui
peut contribuer à l'augmentation des richeffes de fes Sujets, a établi dans le Brandebourg & la Poméranie,
des Pépinieres publiques de Muriers, fous la direction
de gens dont la capacité & le zèle lui font bien connus.
Il vient tout récemment de faire diftribuer des récom-
penfes à tous ceux qui ont le mieux réuffi dans l'éducation du Ver à Soie : marque certaine que cet établiffement n'eft pas infructueux.

(b) Le Brandebourg & la Poméranie font limitro-
phes ; ces deux Provinces s'étendent du cinquante-deux
au cinquante-quatrième degré & demi de latitude.

nous pas en efpérer ! Auffi peut-on compter de voir dans peu de tems , fi l'on a
l'attention de ne plus diftribuer de Muriers qui n'aient toutes les qualités que je
crois avoir affez détaillées , de voir ,
dis-je , cette Province autant peuplée de
Muriers que le Languedoc , & peut-être
l'emporter par la bonté & la beauté de
fes Soies.

En général le Murier réuffira également
bien dans toute l'étenduë de la Bourgogne ; toute la différence qu'il poura y
avoir , fera que dans la partie de la Mon-
tagne , il feüillera un peu plus tard que
dans la plaine , & ce retard n'eft d'aucune conféquence , & n'influera en rien
fur la récolte de la Soie. (a)

(a) Le plus tard qu'on puiffe mettre couver la graine
de Ver à Soie dans la partie la plus froide de la Province, eft le huit de Mai, pour qu'elle foit éclofe le
quinze, temps auquel l'on eft affuré, quelque tardive
que foit l'année , de trouver des feuilles pour les nourrir ; & en conduifant bien l'éducation, la récolte de la
Soie fera toujours faite avant le vingt-quatre de Juin.
L'année derniere je mis couver le cinq de Mai, une
once & demie de graine, & le douze elle commença à
éclorre. Si je n'avois pas manqué de feuilles fur la fin
de l'éducation, les Vers auroient filé leur Soie au bout

Quoique le Murier vienne affez bien dans toutes fortes de terres, (a) cependant il faut éviter celles qui font trop féches, & celles qui font trop humides. Dans les premieres, il n'y fait que des

---

de vingt-cinq jours au plus ; j'en eus même qui filerent au bout de vingt-deux ; j'aurois eu une ample récolte, elle auroit été faite au plus tard pour le dix ou douze de Juin.

De cette once & demie de graine, une partie me venoit du Languedoc, & l'autre je l'avois faite l'année auparavant. Quoique couvées toutes les deux dans le même endroit & à la même chaleur, celle du Languedoc vint à éclorre deux jours juftes avant la mienne ; cependant, malgré ce retard, les Vers qui en font venus, ont toujours été les plus vigoureux ; ils étoient toujours en mouvement, & avoient un bien plus grand appétit. Je n'ai rapporté ce fait, que pour faire voir que la graine faite au Pays, eft peut-être la meilleure.

(a) J'ai vu des Muriers blancs dans un Hameau appellé Fromanteau, à une lieue de Saint Seine, à cinq de Dijon. C'eft un des endroits le plus élevé de la Province, & par conféquent le plus froid de la place où ils étoient plantés ; la roche n'y étoit pas couverte de plus de fix pouces de terre, cependant ils y étoient bien venus.

Je connois deux autres Muriers dans un Village appellé Bligny-le-Sec. Cet endroit n'eft pas moins froid & moins aride que Fromanteau ; on ne prend aucun foin de ces deux Arbres, cependant ils font très-beaux : on peut juger par ces deux exemples, avec combien de facilité le Murier vient par-tout, & en toute forte de terrein.

progrès lents. Dans les dernieres, fes racines s'y pourriffent, & fes feüilles étant
trop remplies de flegmes, font dangé-
reufes aux Vers à Soie.

Les terres qui conviennent le mieux
au Murier, font celles qui font médiocrement feches & humides. Il vient également bien dans toutes les terres qui pro-
duifent du froment, foit qu'elles foient
fortes ou legeres. (a) Mais dans les terres
fortes, il faut plus de culture & d'engrais
pour les divifer, & faciliter par-là aux
racines, le moyen de s'étendre. Enfin, je
confeille toujours de planter dans les meil-

(a) Il eft un grand nombre d'autres efpèces de terres
réfultantes du mélange des différentes fubftances; mais
de toutes les terres les plus propres à la végétation, ce
font celles qui réfultent du mélange des differentes efpèces d'argile & de fable.

Les terres fortes ne font autre chofe que des argiles,
mais dont les parties ont été divifées, ou par la culture
& les engrais, ou par l'interpofition du débris des roches qui environnent les vallées, & que les pluies en-
traînent, ou bien des fables que les grandes rivieres dé-
pofent dans leur inondation.

Dans les terres fortes, c'eft l'argile qui domine &
donne la couleur; dans les terres légeres, c'eft le fable,
& qui de même donne la couleur auffi : les fables purs
& les argiles purs ne font pas propres à la végétation.

leurs fonds , on joüit plûtôt , & le produit en est plus grand.

Il faut éviter de mettre le Murier le long des grands chemins , & trop dans leur voisinage ; la poussiere que les vents en enlevent dans les temps de sécheresse , & qu'ils portent sur la feüille , la rendroit un poison pour les Vers à Soie , si on leur en donnoit , & par là deviendroit absolument inutile.

Quoique le Murier fasse de grands progrès sur les bords des rivieres & des ruisseaux , cependant ses bourgeons sont très-sujets à être brouis par les petites gélées du Printemps , & ses feüilles à être tachées par les brouillards qui y sont fréquens ; dans les bas fonds , il est sujet aussi aux mêmes accidens par un défaut d'agitation dans l'air.

Dans les Pays de montagnes , les côteaux inclinés à l'aspect du Midi , sont admirables pour les plantations de Muriers ; ceux à l'aspect du Couchant & du Levant , sont aussi très-favorables ; mais l'exposition du Nord est trop tardive , & ne leur convient point.

On peut planter le Murier de haute tige, à travers la campagne, autour des héritages, en bordures ou en allées, sans que cela puisse beaucoup nuire aux différentes sortes de grains qu'on semera dessous ; il faudroit seulement avoir l'attention de les espacer au moins de cinq toises les uns des autres, pour laisser plus de liberté à la charrue.

Le Murier en buisson, qui par sa forme basse, deviendroit bientôt la proie du bétail qui en est très-avide, veut être planté dans un emplacement enfermé, ou de mur, ou de quelque autre clôture. Il n'est gueres possible qu'un Particulier qui se décideroit à faire à la campagne, une plantation de Muriers, s'il n'avoit pas un enclos, n'eût tout au moins un terrein qu'il pût enclorre, ne fût-ce que pour y planter des buissons entés, & quelques palissades de Sauvageons.

Dans les Villages, les Seigneurs peuvent engager les Paysans à planter des Muriers de haute tige autour de leurs maisons, & des buissons dans les petits endroits clos qui ordinairement les envi-

ronnent. Quelques petites récompenſes,
(*a*) l'exemple ſur-tout , toujours ſi puiſ-
ſant lorſqu'il vient de ceux qui ſont au
deſſus des autres , ou par leur naiſſance ,
ou par leur rang , & peut-être autant
que tout cela , le produit qu'ils verront
tirer des Vers à Soie , les y engageront.
Les atteliers des Gentilshommes & des
Seigneurs , feront des Ecoles où l'on inſ-
truira les jeunes Villageoiſes de tout ce
qui concerne la Magnaguerie. (*b*)

Enfin , le meilleur moyen & le plus
aſſuré de recueillir tous les avantages
poſſibles du Murier, eſt de ne le planter ,
auſſi-bien celui de haute tige que les buiſſons , que dans des clos où ils puiſſent
être également à l'abri des beſtiaux &

(*a*) Ces encouragemens ſont bien dignes de la Nobleſſe qui ne ſe pique pas ſeulement , comme autrefois ,
de ne ſavoir que ſervir de boulevard à l'Etat , & ré-
pandre ſon ſang pour ſon Prince , mais qui à des ſen-
timens ſi nobles , joint encore de plus aujourd'hui les
connoiſſances utiles , l'amour des Sciences & des Arts
qu'elle ſçait encourager.

(*b*) On appelle en Languedoc , Magnaguerie , l'art
d'élever les Vers à Soie ; Magnaguier , celui qui eſt
chargé de leur éducation , & Magnaderie , le bâtiment
qui eſt deſtiné à cet uſage.

des coups de mains de ceux qui pour-
roient les fourager pour profiter des feuilles. Si l'on étoit obligé de clorre un emplacement , il faudroit préférer les haies
vives qui font bien moins coûteufes que
les murs , & demandent peu d'entre-
tien. (a)

_____

(a) Pour enclorre une piéce de terre de haies vives ,
il faut commencer par ouvrir tout autour un foſſé de
dix pieds de largeur , & de cinq de profondeur , en fup-
poſant cependant que le terrein le permette. Le foſſé
doit être creufé en talut, pour empêcher l'écroulement
des terres, qui fans cette précaution l'auroient bientôt rempli. On en jette toute la terre fur l'héritage ; on l'ar-
range aufſi en talut, ce qui doit faire une hauteur de
cinq pieds, qui jointe à celle priſe depuis le fond du
foſſé , en fait une de dix. C'eſt fur cette terre qu'on
plante la haie vive qui ne fauroit manquer d'y faire de
rapides progrès. Il faut avoir foin de la tailler tous les
ans deux fois au cifeau ou au croiſſant , autant pour
la propreté , que pour la rendre toujours plus fournie.
Les plans les plus propres à faire des haies vives ,
font l'Aube-Epine, l'Epine-Vinette & le Houx ; on en
fait en Angleterre de ce dernier , qui font d'une beauté
finguliere ; on en voit des paliſſades qui ont juſqu'à
quatre-vingt pieds de hauteur. Il faut que cet Arbre ne
fe plaife pas fi bien ici ; les plus hauts que j'aie vu ,
n'excédoient pas douze pieds.
Il ne faut pas être épouvanté par la perte du terrein;
cela eſt bien moins confidérable qu'il ne femble d'abord.
Un foſſé de dix pieds de largeur & de trois mille deux
cent quarante-neuf pieds de longueur , ne contient en
fuperficie qu'un journal de trois cent foixante perches

On

On peut donner aux plantations des formes très-agréables ; on en peut divi-ser le terrein en parallélogrammes , ou en triangles séparés par des allées de deux toises & demie ou trois de largeur ; ces allées peuvent être mises à profit , en les semant de Sainfoin, de Trefle ou de Raigrasse. (*a*) On peut border ces figu-

---

quarrées de neuf pieds & demi la perche ; cette mesure est en usage dans la plus grande partie de la Bourgogne : ce fossé entoureroit une surface quarrée de vingt jour-naux deux tiers & quelques perches ; ainsi c'est moins de la vingtiéme partie du terrein sacrifiée pour sa clôture, ce qui est peu considérable. Au dessus de cette quantité, plus la piéce augmente, & moins il y a de perte ; mais au dessous, la perte du terrein augmente toujours à raison de la diminution de l'emplacement.

(*a*) Je donnerois cependant la préférence au Sainfoin ; il est également bon pour les bestiaux en verd & en sec ; il fait un effet charmant quand il est fleuri , & les Abeilles font une ample récolte sur ses fleurs ; il n'épuise point les terres , & vient également bien dans toutes sortes ; il dure seulement davantage dans les fortes.

Le véritable temps de semer le Sainfoin, est si-tôt que sa graine est recueillie ; si elle ne leve pas bien , il ne faut s'en prendre qu'au peu de précaution qu'on a prise pour la ramasser. Pour bien remplir cet objet, dont tout le succès des semis dépend, on doit dès le lendemain que le Sainfoin est fauché, porter le matin des draps sur la place ; on les y étend , & une personne en fait des petits fagots qu'elle porte dessus, une autre les frappe d'une baguette, pour ne faire tomber que la

F

res de Muriers de haute tige , espacés
de quatre toises , & dans l'intervalle mettre trois buissons qui se trouveront par là
à la distance d'une toise les uns des autres.
L'intérieur des figures peut être planté de
Muriers de haute tige , & de buissons
aussi dans les mêmes proportions , ou
seulement de buissons espacés entre eux
d'une toise. Pour jouir de l'avantage des
palissades de Muriers sauvageons , on peut
en entourer les plantations , en les plaçant

---

graine la plus mure , ainsi de suite ; puis on la porte
dans un grenier bien aéré où on l'étend , & on a soin
pendant huit ou dix jours de la remuer exactement cinq
ou six fois chaque jour , & cela pour l'empêcher de s'é-
chauffer : après cette attention , on peut s'assurer d'a-
voir de la graine bien conditionnée , & qui levera toute.
Si on vouloit être instruit plus à fond sur cette matiere , on n'auroit qu'à consulter une petite brochure in-
titulée, *Moyen de s'enrichir en peu de temps par l'Agriculture, par Mr. Despaumier* : on y trouvera des détails très-instructifs , & des vues qui font honneur à
l'Auteur.

Si l'on se déterminoit pour le Raigrasse , il faudroit
bien prendre garde qu'il y en a de trois espèces ; le
Raigrasse faux froment, le Raigrasse faux seigle , & le
Raigrasse faux orge , & qu'il n'y a que le premier dont
l'utilité & la bonté soient bien reconnues.

Pour la Luzerne , on ne doit jamais en semer dans
les terreins plantés d'Arbres , cette plante est si vorace,
qu'elle les affame , même à une distance considérable.

à quelque diſtance des haies vives ou des murs ; ce qui y répandra encore un nouvel agrément.

Enfin, ce ſont les facultés & la ſituation des lieux qui doivent décider de la forme des plantations, & de leur grandeur. L'aiſance donne les moyens de travailler en grand ; une fortune bornée ne permet que de travailler en petit. Dans les plaines, on peut aiſément faire de grands enclos ; dans les Pays de montagnes, cela eſt plus difficile : c'eſt ainſi qu'on eſt maîtriſé par les circonſtances. Je ne puis cependant me diſpenſer d'inſiſter toujours ſur la néceſſité d'enclorre également le Murier de haute tige, comme les buiſſons, & de ne ſemer aucune ſorte de grains deſſous. En effet, à quelque diſtance que l'on mette le Murier de haute tige, qui eſt le ſeul qu'on puiſſe abandonner en pleine campagne, & ſous lequel on puiſſe ſemer des grains, il eſt certain que quelque attention que l'on ait, la charrue en paſſant les écorchera, & le ſoc en endommagera les racines ; les ſucs nourriciers s'épuiſeront bien plutôt,

& l'Arbre en durera moins. Pour le grain, on ne sauroit gueres se dispenser de l'endommager, en cueillant la feuille, quelque précaution qu'on puisse prendre, & l'ombre ne peut que lui nuire. Il y a donc de la perte à attendre dans les semences qu'on feroit sous les Muriers, & beaucoup de dommages pour eux. Ce que l'on peut faire de mieux, c'est de planter le Murier autour des prés; il n'y courra pas risque d'être endommagé par la charrue, & sur les côteaux bien exposés où la terre est bonne, & où l'on ne sauroit labourer.

Mais la nécessité sur laquelle j'insiste de former des enclos pour y cultiver le Murier seul, pourroit peut-être faire craindre que si les plantations se multiplioient, elles ne vinssent enfin à diminuer la récolte des grains. On pourroit d'abord répondre qu'une nouvelle source de richesses vient toujours à l'appui des autres; on pourroit citer le Languedoc qui est partout couvert de Muriers, sans que pour cela la récolte de ses grains en soit moindre. A ces raisons on pourroit encore en

ajouter beaucoup d'autres également fortes ; mais la fageffe du Gouvernement
vient de me fournir un moyen fûr de diffiper abfolument toutes les craintes qu'on
pourroit avoir à cet égard , quelque bien
fondées qu'elles puffent paroître.

La Bourgogne a toujours eu beaucoup
plus de grains qu'il ne lui en faut pour
nourrir fes Habitans , puifqu'elle en nourrit encore fes voifins. Cependant qu'on
parcoure cette belle Province , on verra
avec furprife qu'il s'en faut bien que tout
fon terrein foit cultivé , & qu'il s'en faut
encore bien davantage que tout ce qui
l'eft , le foit comme il le pourroit être.
Quelle feroit donc l'abondance de fes
grains , fi toutes les terres y étoient en
bon état ? La fage Déclaration du Roi
qui vient de permettre l'exportation des
grains hors du Royaume , a rompu les
entraves de l'Agriculture ; on doit s'attendre à voir dans bien peu de temps
naître l'abondance , fans que les plantations de Muriers , quelque confidérables
qu'elles puffent devenir , y apportent aucune diminution.

F iij

C'étoit la défense que le Roi vient de lever, qui avoit porté le coup le plus funeste à l'Agriculture.

Ce n'est qu'en laissant la liberté au commerce, qu'on donne du prix aux denrées, & ce n'est qu'en leur donnant du prix, qu'on encourage la culture.

En effet, si la dépense absorbe le produit, il faut que le Cultivateur abandonne la culture, ou qu'il en diminue la dépense, & l'on ne peut la diminuer, sans que le produit ne diminue aussi.

Au contraire, si le Cultivateur trouve dans son travail, un bénéfice assuré, non-seulement il le perfectionne, mais il l'augmente encore : c'est ce qu'on doit s'attendre à voir bientôt. On ne doit donc pas craindre que quelques journaux de terre pris dans chaque Village pour planter des Muriers, puissent diminuer la récolte des bleds ; bien loin de là, cette nouvelle source de richesses ne sauroit produire qu'un bien pour l'Agriculture, & une augmentation dans la population. (a)

_____

(a) Il est certain que l'Agriculture est depuis un sié-

Enfin, de quelque façon qu'on forme une plantation de Muriers, soit qu'on la fasse de Muriers de haute tige en pleine campagne, ou de buissons & de grands Muriers dans un endroit fermé, si l'on veut jouir promptement, épargner le terrein, les frais de culture, ceux de l'éducation, & retirer un grand produit, il

---

†le prodigieusement déchue en France, & cela par la défense de l'exportation des grains hors du Royaume. On peut voir dans le bel Eloge de M. de Sully, ce grand Ministre si digne de son Maître, par Mr. Thomas, la cause de cette défense est l'état florissant où étoit l'Agriculture auparavant. En effet, le prix des denrées, par cette défense, étant tombé tout d'un coup, & le Cultivateur ne trouvant plus à s'indemniser des frais de sa culture par la vente de ses grains, abandonna la terre & changea d'état ; le Propriétaire ne retirant plus rien de sa Métairie, la laissa dépérir ; delà viennent ces ruines que l'on voit en tant d'endroits, & jusqu'au milieu des bois qui les couvrent, de même que le terrein qui en dépendoit ; delà le décri des biens-fonds, & cette avidité que l'on avoit, il n'y a pas encore bien long-temps, pour les constitutions de rente, ce qui a été si funeste à tant de familles.

Le dépérissement de l'Agriculture par l'abandon des terres, est sensible par-tout, mais beaucoup plus dans les parties de la Province qui sont d'un moindre rapport. Dans les bonnes parties, elle s'y est mieux soutenue, mais elle y a toujours déchu par une autre cause. Les Cultivateurs croyans gagner davantage en cultivant beaucoup, prirent le double de terrein de ce qu'ils pouvoient

ne faut jamais planter que des Arbres greffés, ou venus de marcotte & de bouture d'Arbres greffés ; on doit feulement planter dans quelques endroits bien expofés, quelques paliffades de Sauvageon, tant pour hâter les Vers à Soie, que pour les nourrir pendant leur premier âge. (*a*)

en cultiver, & par cette raifon ils le firent mal; mais voyant que la terre ne répondoit point à leur attente, ils l'accuferent d'ingratitude, tandis qu'ils ne devoient s'en prendre qu'à leur ignorance & à leur avidité. Les chofes fe font prefque foutenues fur ce pied jufqu'ici. Je connois des Villages où il y a un grand nombre de granges ruinées, & où la moitié de ce qui exifte encore, eft plus que fuffifante pour ferrer tous les grains qu'on recueille, & cependant tout le finage eft cultivé. Je pourrois rapporter cent exemples femblables, pour prouver combien nous fommes éloignés d'une bonne culture, & de l'état floriffant où l'Agriculture étoit autrefois. Ce ne font pas des recettes ni de nouvelles façons de labourer qui la rétabliront; les Payfans ne les adopteront jamais; mais ce fera feulement en donnant du prix aux denrées. Les hommes ne font jamais fi induftrieux ni fi laborieux, que lorfqu'ils font guidés par l'intérêt. Le Roi, ce Prince, l'amour de fes Sujets, & fi digne de l'être, vient de lever tous les obftacles qui s'oppofoient à fon rétabliffement; il a p'us fait d'un mot, que toutes les recherches qu'on a fait jufqu'ici, & toutes celles qu'on auroit jamais pu faire fur cette matiere importante.

(*a*) On trouvera peut être que j'infifte beaucoup fur la néceffité de ne planter que des Muriers greffés, ou qui en aient les mêmes qualités; mais je fuis fi con-

CHAPITRE VIII.

*De la culture d'une Pépiniere publique
de Muriers, & de fon gouvernement.*

DANS une Province où l'on veut introduire une efpèce d'Arbres qui y
a été inconnue jufqu'alors, & dont la
culture peut en accroître le commerce &
les richeffes, il eft abfolument néceffaire
d'y en établir des Pépinieres, pour les
y diftribuer gratuitement au Public. Mais
ces Pépinieres étant la fource de l'établiffement, on doit apporter l'attention la
plus fcrupuleufe à leur culture, ne ja-

---

vaincu par l'ufage conftant des Pays où cet Arbre eft
cultivé depuis long-temps, & par ma propre expérience,
qu'il n'y a aucun avantage à efpérer des Sauvageons,
que j'ai cru ne pouvoir affez y infifter. Cette néceffité
m'a paru encore d'autant plus grande, qu'il s'eft introduit en Bourgogne une très-grande prévention en faveur
du Murier fauvageon, qui ne peut avoir été accréditée
que par des gens fans aucune expérience, & qui, fi elle
continuoit d'être reçue, & qu'elle ne fît pas tomber
entiérement ce bel établiffement, au moins en empêche-
roit-elle infailliblement les progrès. Je ne puis donc trop
m'attacher à faire revenir le Public de cette erreur.

mais permettre qu'il foit diftribué un feul Arbre défectueux , & qui n'ait toutes les qualités qu'ils doivent avoir pour répondre à l'objet qu'on en attend.

Si l'on ne fe propofoit fimplement que d'encourager les plantations d'une efpèce d'Arbres, dont tous les avantages ne confiftaffent que dans l'utilité du bois, pourvu que ces Arbres, au fortir de la Pépiniere, euffent de belles racines & une groffeur convenable, ils auroient toutes les qualités qu'on pourroit defirer, & leur réuffite feroit affurée. Mais il n'en eft pas ainfi du Murier ; ce n'eft pas fon bois qu'on recherche, ce font les avantages infinis qu'il procure, par le privilége exclufif qu'il a de fournir par fa feüille, la nourriture aux Vers à Soie. Mais toutes ne font pas également profitables ; il eft donc indifpenfable que le Murier, avec tout ce qui lui eft néceffaire pour croître & s'élever, ait encore les qualités de fa feüille relatives au plus grand produit & à la moindre dépenfe de l'éducation des Vers à Soie & de la culture, fans quoi, fi l'une de ces qualités lui manque feulement , on ne doit jamais s'attendre à voir réuffir le bel établiffement qu'on fe propofe.

Il n'eft gueres poffible que dans un Pays où les Muriers ne font que d'être tranfportés , l'on y puiffe connoître les qualités effentielles qu'ils doivent avoir. Un Particulier à qui l'on en accorde à la Pépiniere publique , fe perfuade aifément qu'ils font tels qu'ils doivent être ; vingt autres Particuliers ont l'œil ouvert fur la réuffite de fa plantation ; fi les Arbres manquent , ou s'ils réuffiffent mal par leurs mauvaifes qualités , on accufe le climat de ne leur être pas favorable ; la véritable caufe eft pofitivement toujours celle qu'on ne foupçonne pas , & cependant voilà tout d'un coup une quantité de perfonnes découragées , & qui de plus , décrient encore l'établiffement.

Enfin , fi les Muriers réuffiffent , mais que leurs feüilles n'aient pas les qualités qu'il leur faut , pour que l'on puiffe trouver un bénéfice affuré dans le produit de l'éducation des Vers à Soie , & que la dépenfe l'abforbe , pour lors on accufe

d'exagération , ceux qui ont parlé des
grands avantages qu'ils procurent. Si l'é-
tabliſſement ne tombe pas , au moins eſt-il
languiſſant , & ne fait aucun progrès.

Il eſt donc de toute néceſſité, que les Muriers qu'on diſtribue dans une Pépiniere publique , rempliſſent parfaitement toutes les
conditions que je crois avoir détaillées
dans les Chapitres précédens , ſans quoi
ils ne ſauroient ni réuſſir , ni porter de
profit. C'eſt delà dont tout dépend, pour
juſtifier le ſuccès qu'on doit attendre de
ce bel établiſſement ; & ce n'eſt que par
une culture bien entendue , & conduite
avec les plus grandes attentions , qu'on
peut y parvenir.

Une Pépiniere publique doit être d'une
aſſez grande étendue pour fournir tous les
ans un grand nombre de Muriers , tant
de haute tige que des buiſſons , & de
la pourette pour faire des paliſſades ; ſon
terrein ne ſauroit être trop bon ; s'il n'eſt
pas poſſible de l'avoir de la meilleure
qualité , il faut au moins le bonifier à
force d'engrais & de culture. J'ai toujours
remarqué que les Muriers qui avoient été

élevés dans un bon fond , réuſſiſſoient toujours infiniment mieux dans toutes les eſpèces de terre où on les plantoit enſuite , même les plus médiocres. (a)

Il faut qu'il y ait de l'eau par toute la Pépiniere , ſoit au moyen des puits , de quelques fontaines , pour fournir x arroſemens , & des auges pour la ire échauffer au ſoleil : rien n'eſt plus éjudiciable aux jeunes Muriers , que de s arroſer avec de l'eau qui n'a pas été légourdie auparavant. (b)

La Pépiniere doit être fermée de murs ou de haies vives , & ſon terrein diviſé

_____

(a) C'eſt cependant un préjugé aſſez généralement reçu, qu'il faut toujours prendre des Arbres dans un terrein moins bon que celui où l'on ſe propoſe de les planter , & que le fond d'une Pépiniere doit plutôt être maigre que gras. Si ce principe pouvoit être vrai pour les Arbres fruitiers , ce dont j'ai bien lieu de douter , il ſeroit abſolument faux à l'égard du Murier.

Il eſt certain que tous Muriers qui dans l'eſpace de trois ou quatre années, n'ont pas pris dans la Pépiniere, la groſſeur qu'ils doivent avoir pour être plantés avec ſuccès , ne réuſſiſſent jamais par la ſuite : ils ne ſont plus bons à faire des Arbres de tige.

(b) L'effet de l'eau trop froide ſur les jeunes Muriers , & ſur tout les Arbres un peu délicats qu'on éleve , eſt de reſſerrer leurs pores , & de les empêcher de croître.

en parallélogrammes féparés les uns des
autres par des allées affez larges pour que
des voitures y puiffent paffer, pour conduire par-tout librement des fumiers, &
pour d'autres befoins. Ces allées doivent
être bordées de Muriers de haute tige
plantés à demeure, & greffés des meilleures efpèces de feuilles, pour y pouvoir
prendre des greffes, des boutures, &
même y faire des marcottes.

Il faut réferver un canton fpacieux &
bien expofé ; on en coupe une partie de
rigoles pour y planter au fond des Muriers nains greffés, afin d'en tirer des
marcottes ; le refte de ce canton fert pour
y dreffer des couches de tan, pour élever des boutures de Muriers greffés, &
à faire d'autres couches pour femer la pourette : on ne doit jamais la femer en pleine
terre, par les raifons que j'en ai données.

Les emplacemens deftinés à élever les
Muriers de haute tige & les buiffons, doivent, avant que d'y planter, avoir été
défoncés au moins de deux pieds ; & toutes les fois qu'on en replante de nouveau,
il feroit très-néceffaire de recommencer

la même opération. Soit qu'on destine le plant qu'on y met, à former des Arbres de haute tige ou des buissons, on ne doit jamais le planter au plantoir, (*a*) mais toujours en rigole : cette premiere façon est très-défectueuse, & le plant ne profite pas à beaucoup près si bien.

Il faut tous les ans donner quatre labours au moins à la Pépiniere, & en fumer la moitié, afin que tous les deux ans elles se trouvent entiérement fumées : l'on emploie à cet usage le fumier des vieilles couches.

Il faut ordinairement six années à la plus grande partie des Muriers de haute tige greffés, pour prendre dans la Pépiniere, la grosseur qu'ils doivent avoir pour

_____

(*) Le plantoir est une cheville de bois dont les Jardiniers se servent pour planter leurs choux & leurs salades. Souvent les gens peu instruits, ou qui veulent aller vîte, font des trous avec cette cheville pour planter la pourette ; cette méthode est très-défectueuse, en ce que les racines ne pouvant être placées comme elles le demandent, & se trouvant dans une situation qui ne leur est pas naturelle, l'Arbre en souffre, & en vient moins bien. Au contraire, en plantant dans une rigole, on est maître de les bien arranger, & de ne laisser aucun vuide ; ce qui produit un tout autre effet.

réuffir fûrement lorfqu'on les plante à demeure. C'eft pourquoi on peut divifer la
portion de la Pépiniere qu'on leur deftine,
en fix parties égales, pour en diftribuer
une tous les ans, & la feptiéme année
on recommence la diftribution par la premiere. (a)

Il ne faut cependant pas s'aftreindre ri-
goureufement à cette régle. Il fe trouve
prefque toujours des Muriers dans le grand
nombre, qui au bout de quatre ans,
d'autres au bout de cinq, ont une groffeur convenable, & qui non-feulement

---

(a) Comme j'ai dit dans une note plus haut, que
les Muriers qui dans l'efpace de trois ou quatre ans, n'a-
voient pas pris dans la Pépiniere, la groffeur qu'ils doivent avoir pour être plantés avec fuccès, ne réuffiffoient
jamais bien par la fuite, ceci auroit l'air d'une contra-
diction : je dois l'expliquer.

La pourette refte deux ans fur fon femi; la feconde,
on la coupe contre terre pour fortifier fa racine, & on
ne laiffe qu'une feule pouffe fur chacune ; la troifiéme
année, on la plante en Pépiniere, & on la coupe à cinq
ou fix pouces au deffus de terre; la feconde année qu'elle
eft plantée en Pépiniere, on la recepe tout contre terre,
& c'eft fur le plus beau des jets qu'elle pouffe, qu'on
a foin de laiffer feul, qu'on la greffe l'année fuivante,
qui eft la troifiéme. On voit par là que le Murier, dans
l'efpace de quatre ans, doit prendre la groffeur qu'il doit
avoir, ce qu'il fait, & fouvent en moins de temps, s'il
eft bien cultivé.

feroient

feroient trop forts au bout de la fixiéme année, mais qui affameroient encore leurs voifins, & les empêcheroient de croître. On doit les arracher tous les ans par-tout où il s'en trouve ; les autres par là prendront plus de nourriture, étant plus au large, & en viendront beaucoup mieux.

Chaque année on doit arracher en entier le canton qui eſt deſtiné pour la diſtribution ; mais comme il ne manque jamais d'y en avoir un bon nombre de foibles qui ne font pas en état d'être tranſplantés, on ne doit pas les diſtribuer au Public ; ce feroit abufer de fa confiance. Ils ne font pas pour cela perdus ; en les recépant au deſſus de la greffe, on en fait des buiſſons, & on les diſtribue pour cet ufage, ou on les plante dans la Pépiniere au fond des rigoles, pour en tirer des marcottes.

A l'égard des buiſſons, comme il ne leur faut pas un fi long-temps pour acquérir la groſſeur convenable pour être tranſplantés avec fuccès, on ne doit divifer l'emplacement qu'on leur deſtine, qu'en quatre parties égales, & fe con-

G

duire dans leur diftribution, de même que
dans celle des Muriers de haute tige.

Enfin, on ne doit jamais diftribuer dans
une Pépiniere publique, un feul Mutier
défectueux. Il faut qu'ils foient tous greffés, ou provenus de marcottes, ou de
boutures de Muriers greffés, & qu'ils
foient abfolument conformes à tout ce que
j'en ai dit dans les Chapitres précédens.

On doit s'attacher particuliérement à
multiplier le Murier par la voie de la marcotte & de la bouture ; je ne fais aucun doute que cet Arbre ainfi multiplié,
ne foit plus vigoureux, plus exempt de
maladie, & ne poufle infiniment plus loin
fa carriere que le greffé, qui n'eft fujet
à tant d'infirmités qui abrégent fes jours,
que par le peu de rapport qui fe trouve
entre les conduits de la feve dans le fauvageon & dans le franc, comme je crois
l'avoir démontré.

Je puis hardiment affurer qu'une Province qui établiroit une Pépiniere publique de Muriers fur ce modele, en retireroit bientôt les plus grands fruits, &
verroit dans bien peu de temps le com-

merce des Soies s'établir folidement chez elle. Mais cependant fi l'on fe contentoit feulement d'y établir cet ordre, & qu'on n'en confiât pas la direction à un homme capable de la gouverner fur ces principes, il ne feroit certainement pas poffible qu'elle fe maintînt long-temps dans cet état, & que les effets puffent répondre à l'efpérance qu'on auroit eu lieu d'en avoir.

Ce n'eft pas à un Manœuvre, à un Etranger fans capacité, à un homme mercénaire que l'intérêt feul guide, & qui fait tout rapporter à cet objet, qu'on doit confier cet établiffement; un pareil homme n'eft bon tout au plus qu'à faire un Piqueur pour conduire des Ouvriers; mais il faut abfolument, pour le diriger, un homme né Citoyen, & d'une expérience reconnue dans tout ce qui concerne l'Agriculture; un Phyficien qui ait étudié la nature, & par principe, & par goût; enfin, un homme qui ne s'occupe abfolument que du foin de veiller à cet établiffement, & qui ait autant à cœur de le faire réuffir par honneur,

G ij

que par amour pour ſes Compatriotes :
alors, je crois qu'on pourroit s'aſſurer du
ſuccès de la Pépiniere ; rien ne pourroit
s'y faire que par les ordres de ce Directeur, qui les feroit exécuter par un homme
qui y réſideroit pour ce ſujet, & qui conduiroit les Ouvriers qu'on y emploieroit.

Ce Directeur remettroit tous les ans
en Automne, aux Commiſſaires chargés
de la diſtribution des Arbres, la liſte de
tous les Muriers propres à être diſtribués,
tant de ceux de haute tige que des buiſſons, & même de la pourette, pour
qu'ils en fiſſent le partage comme ils ju-
geroient à propos, & en ordonnaſſent
en conſéquence la diſtribution qui ne pourroit être faite qu'en ſa préſence, pour
éviter toute Monopole.

On chargeroit encore ce Directeur de
veiller à la culture de toutes les autres
Pépinieres publiques, quelques eſpèces
d'Arbres qu'on y élevât. Ses ſoins de-
vroient même s'étendre juſqu'à diriger les
plantations un peu conſidérables que la
Nobleſſe de la Province pourroit faire ;
tant il eſt certain qu'on ne ſauroit appor-

ter trop d'attention & trop de précaution pour encourager & pour faire réuffir un établiffement de cette importance, fur-tout dans les commencemens qui font toujours lents & difficiles.

Comme il eft à propos, autant qu'il eft poffible, que tout fe rapporte toujours au plus grand bien de la fociété, fur-tout dans un établiffement qui n'a pour but que fon intérêt, il faudroit donc encore que le Directeur fît élever tous les ans, fous fes yeux, des Vers à Soie qui feroient nourris avec les feüilles des Arbres de la Pépiniere, qu'on pourroit dépouiller fans leur faire tort. Son attelier feroit comme une Ecole publique, où l'on pourroit venir prendre des leçons, & examiner les procédés de l'éducation ; le dévidage des Soies qui en proviendroient, feroit encore une autre Ecole où l'on pourroit auffi venir apprendre les opérations du tour.

Cette place de Directeur procureroit d'autant plus d'avantage à la Province, qu'elle feroit bien remplie. Celui qui l'occuperoit, pourroit dans bien peu de temps, non-feulement la peupler d'un grand nombre de beaux Muriers & d'une bonne qualité, mais y introduiroit encore, & la bonne éducation des Vers, & la façon de bien dévider les Soies ; ce qui ouvriroit bientôt une nouvelle source de richesses qui iroient toujours en augmentant.

La réussite certaine d'un nouvel établissement, dépend toujours des commencemens ; aussi sûrs de réussir, s'ils sont bien dirigés, qu'incertains, s'ils le sont mal, on ne doit rien épargner & jamais ne regarder à la dépense. La maniere infaillible d'en trop faire, & de ne la faire qu'à demi, parce qu'alors elle tombe entiérement en pure perte, & ne sauroit produire aucuns effets.

Tel est le résultat des recherches & des expériences de dix années que j'ai faites sur la culture du Murier, & sur les moyens les plus sûrs d'en retirer en Bourgogne le plus prompt & le plus grand avantage ; j'ai cru devoir les communiquer à mes Compatriotes : heureux si elles peuvent servir à leur bien, & qu'ils puissent en retirer toute l'utilité que je crois qu'on pourroit s'en promettre.

CHAPITRE IX.

Des Peupliers d'Italie.

J'AI cru ne pouvoir mieux finir cet Ouvrage, qu'en faisant voir de quelle importance seroit pour la Province, la culture du Peuplier d'Italie, les avantages qu'elle en tireroit, & même le Gouvernement, & les moyens de rendre en peu de temps cet Arbre très-commun en Bourgogne.

On a de tout temps connu en France, trois espèces de Peupliers ; le Peuplier blanc, le Peuplier noir, & le Peuplier tremble, ou simplement Tremble.

Il y a deux espèces de Peupliers blancs, qui ne different entre eux que par la grandeur de leurs feüilles, qui sont dans l'une comme dans l'autre espèce, velues, blanches par dessous, & par dessus d'un verd brun : ces Peupliers croissent avec une grande vîtesse dans les lieux marécageux & sur le bord des eaux.

Dans l'espace de trente ans, ils prennent une hauteur & une grosseur considé-

rables : ils croiſſent encore aſſez peſſa-
blement dans les terres un peu ſeches,
mais avec beaucoup moins de promptitude.

Le bois de ces Peupliers ne vaut gueres
mieux que celui du Tilleul ; les Sculpteurs
s'en ſervent de même ; on le débite en
planches de différentes épaiſſeurs, qu'on
emploient à couvert ; on en fait auſſi
quelquefois des brancards d'équipage. Enfin, quoiqu'il ne ſoit ni bien fort, ni de
grande durée, on ne laiſſe pas que de
s'en ſervir utilement à beaucoup de choſes.

On reconnoît le Peuplier noir, à ce
qu'il n'a pas la feüille blanche par deſſous ; la différence qu'on remarque dans
la forme des feüilles, l'a fait diviſer en
pluſieurs eſpèces, mais ce ne ſont peut-
être que des variétés. Ce Peuplier noir
ne ſauroit s'élever que dans les terres humides ; dans les ſeches, il reſte toujours
bas ; ſon bois ſert aux mêmes uſages que
celui du Peuplier blanc ; ſouvent on l'étête
pour lui faire pouſſer beaucoup de jets
que l'on coupe tous les ans ou tous les
deux ans, pour ſervir d'échalats dans les

vignes, ou pour faire des fagots.

Le Peuplier-Tremble, a la feüille ronde & point dentelée, attachée à des queues longues & menues, ce qui fait que le moindre vent les agite , & c'eſt ſans doute delà que lui eſt venu ſon nom. On croit en reconnoître deux eſpèces qui ne different entre elles que par la grandeur de leurs feüilles ; mais cette différence pourroit bien ne venir que de l'humidité ou de la ſechereſſe du terrein dans lequel ils viennent ; l'on en trouve en effet ſur les montagnes, comme dans les endroits bas les plus humides, & ces derniers viennent toujours beaucoup plus vîte , & ont la feüille beaucoup plus grande. Le bois du Tremble ſert aux mêmes uſages que celui des deux autres Peupliers , mais cependant il eſt beaucoup moins bon.

On a depuis peu d'années introduit en France trois autres eſpèces de Peupliers ; celui d'Italie ou de Lombardie , celui de la Caroline , & celui de la Virginie. Je ne parlerai pas de ces deux derniers, dont on n'a point encore reconnu de ſupériorité dans leur bois, ſur la bonté de celui des nôtres ; mais le Peuplier d'Italie

a un si grand nombre d'excellentes qualités , qu'on ne peut trop le multiplier ;
c'est le Peuplier par excellence , & c'est
celui seul dont je me suis proposé de faire
voir toute l'utilité & les grands avantages.

Le Peuplier d'Italie ou de Lombardie
a l'écorce grise & unie , la feüille grande
& d'un beau verd foncé ; il vient très-
droit. Au contraire , le Peuplier noir auquel il ressemble le plus , a le défaut de
venir volontiers tortu ; les branches du
Peuplier noir sont pendantes , celles du
Peuplier d'Italie se levent parallelement
à la tige , ce qui lui donne une figure
pyramidale. Une différence encore bien
sensible entre ces deux Peupliers , c'est
que le Peuplier noir , & même le Peuplier blanc , ont leurs feüilles de couleur
tirante sur le rouge , quand elles sont jeunes , & que le Peuplier d'Italie les a très-
vertes.

Cet Arbre vient sans soin & sans culture ; il demande une terre grasse & humide ; il se plaît sur le bord des rivieres
& des ruisseaux , & même dans les terres
dont on ne sauroit retirer aucun produit.
En effet , c'est dans les marais qu'il croît

le mieux , & on ne fçait que trop , que
pour les rendre propres à produire des
grains , ou à faire de bons pâturages ,
il faut des dépenfes prodigieufes , & quelquefois inutiles.

Celle qu'il faut faire pour l'y planter,
eft bien peu de chofe ; il n'eft queftion
que de couper ces terres marécageufes par
des foffés de quatre à cinq pieds de largeur , & trois de profondeur , éloignés
d'une toife les uns des autres : c'eft entre
ces foffés , & à environ dix pieds de dif-
tance , qu'on les plante.

Le Peuplier d'Italie croît avec une vî-
teffe prefque incroyable ; les autres efpèces de Peupliers à trente ans , ne font
ni fi gros ni fi élevés qu'il l'eft à quinze.
On en a vu qui à douze ans avoient
plus de deux pieds de diametre , & bien
quatre-vingt pieds de hauteur ; enfin , c'eft
à quinze ans qu'il eft en état d'être abattu,
& alors il eft pour le Propriétaire , un objet du plus grand produit. On prétend
que trente arpens de ce bois , au bout de
quinze ans , peuvent rendre aifément au
Propriétaire , quatre-vingt à cent mille liv.
La prodigieufe rapidité avec laquelle

vient le Peuplier d'Italie, fait que nuls autres Arbres ne peuvent lui être comparés à cet égard. Ce n'eſt, par exemple, qu'au bout de cent cinquante ans qu'un Chêne planté dans un bon terrein, peut égaler un Peuplier d'Italie de quinze ans ; ainſi on peut couper dix fois un Peuplier d'Italie pendant le temps qu'un Chêne mettra à acquérir la même groſſeur.

Si tout le mérite de cet Arbre ſe bornoit ſeulement à la promptitude extraordinaire avec laquelle il vient, ce ſeroit peu de choſe ; mais ſon bois donne tout le prix à cette qualité ; il eſt excellent, il ſe travaille avec une grande facilité ; il eſt doux ſous l'outil, & point noueux ; il eſt également bon pour la menuiſerie, la charpente & le charronnage ; on en fait des tirans excellens, & d'une portée conſidérable, des traveaux & des planches de toutes ſortes d'épaiſſeur ; on en fait des brancards très-lians pour les équipages, & même des moyeux & des gentes pour les roües ; enfin, il eſt admirable pour la mâture des vaiſſeaux, & c'eſt particuliérement ce qui nous manque le plus en France, & que nous ſommes obligés de tirer à grands frais de l'Etranger.

De quelle reſſource & de quel produit ne ſeroit pas cet Arbre pour la Province, où la rareté des bois à bâtir, ne ſe fait que trop ſentir de plus en plus ; & quel bien l'Etat n'en retireroit-il pas pour le ſervice de la Marine ? Il n'y a pas en Bourgogne de Seigneurs qui ne puiſſent en planter un grand nombre dans ſes Terres , ſur-tout dans les Pays bas , & qui ne puiſſent par ce moyen retirer un produit immenſe des terres marécageuſes qu'il peut avoir , & dont il ne retire aujourd'hui aucun profit ; il n'eſt même pas de Particulier qui ne puiſſe ſe trouver avoir quelque emplacement qui convienne à cet Arbre.

Je crois l'encouragement des plantations des Peupliers d'Italie , digne de l'attention de l'auguſte Aſſemblée des Etats , toujours ſi diſpoſée à ſaiſir avec empreſſement tous les objets qui peuvent contribuer à l'accroiſſement des richeſſes de cette Province.

Pour peupler dans bien peu de temps la Province d'un nombre conſidérable de Peupliers d'Italie , il faudroit en établir une Pépiniere publique ; la dépenſe en ſeroit très-peu conſidérable , attendu le peu de culture qu'il leur faut , & la promptitude finguliere avec laquelle ils croiffent.

Le Peuplier d'Italie ne fe multiplie que de boutures ; dans l'efpace de deux années, ces boutures forment des Arbres de dix à douze pieds de hauteur , & de huit à dix pouces de circonférence par le bas , ce qui eft bien plus que fuffifant pour pouvoir les planter à demeure , & les mettre hors de toute infulte du bétail.

Une piéce de terre graffe & humide , de la contenance de dix journaux , en y comprenant un foffé de dix pieds de largeur pour la fermer , & en y comprenant encore une allée de douze pieds de largeur , qui tourneroit tout autour , & qui feroit bordée de grands Peupliers pour y prendre les boutures , feroit plus que fuffifante pour pouvoir diftribuer tous les ans au moins quinze mille Peupliers , ce qui en peupleroit la Province dans l'efpace de dix ans , de cent cinquante mille , fans compter ceux que chaque Particulier auroit pu élever de boutures ; elle fe trouveroit prefque tout d'un coup abondamment pourvue de bois de charpente , & l'on verroit bientôt nos rivières porter dans les Ports de la Méditerranée , des mâtures pour la Marine Royale & la Marine marchande.

On diviferoit cette Pépiniere en deux parties égales, dont on en diftribueroit tous les ans une au Public.

Le foffé qui entoureroit la Pépiniere, feroit fuffifant fans haies vives, pour la mettre hors de toute infulte , attendu qu'il pourroit être rempli d'eau , foit en en tirant d'une riviere voifine , foit enfin par la nature même du terrein.

Le même Directeur qui feroit chargé de la conduite des autres Pépinieres, auroit auffi fous fa direction , la Pépiniere des Peupliers.

Deux chambres bâties dans la Pépiniere , ou tout proche, feroient fuffifantes pour y loger un homme qui veilleroit à fa fûreté , & qui conduiroit les Ouvriers que le Directeur jugeroit à propos d'y employer pour fa culture.

Enfin , je fuis très-affuré que les quinze mille Peupliers que l'on pourroit diftribuer tous les ans au Public dans cette Pépiniere , ne reviendroient tout au plus à la Province , qu'à un fol chacun , &

les avantages qu'elle en retireroit dans peu de temps, & même le Gouvernement, seroient inestimables. (a)

(a) En voici la preuve en portant même tout au plus haut. Je mets pour dix soitures de prés dans un fonds gras & humide, pour faire la Pépiniere, deux cent livres.

Pour les appointemens du Concierge ou Piqueur, deux cent livres.

Trois cent livres pour trois labours par an, le premier au Printemps, & pour planter les boutures; le second en Eté; & le troisiéme en Automne, en arrachant les Peupliers.

Ces trois sommes additionnées ensemble, font celle de sept cent livres. Il est aisé, par ce calcul, de voir que chacun des quinze mille Peupliers que l'on distribueroit tous les ans dans la Pépiniere, ne reviendroit pas à un sol à la Province.

Il est vrai que je ne fais point entrer en compte, ce qu'il en coûteroit pour enclorre la Pépiniere, pour la construction du petit logement du Piqueur, pour l'achat des Peupliers que l'on planteroit autour pour y prendre des boutures, & de celles qu'il faudroit faire venir pour planter la moitié de la Pépiniere la premiere année; mais ces dépenses ne se font qu'une fois, & sont peu considérables.

De l'Imprimerie de D E F A Y, Imprimeur des Etats, de la Ville & de l'Université.

éti
it,

au
un
hux

deux

pré-
e fc-
hant

celle
voit
iftri-
droit

, ce
ir fa
achat
endre
pour
mais
confi-

des

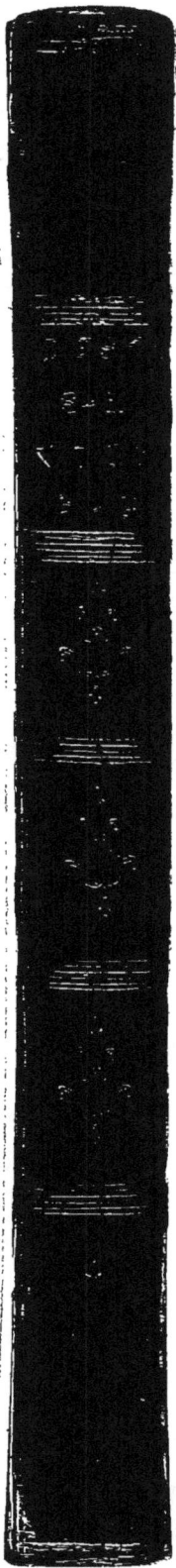

www.ingramcontent.com/pod-product-compliance
Lightning Source LLC
Chambersburg PA
CBHW072314210326
41519CB00057B/5067